GB/QX

气象标准汇编

2005—2006

中国气象局政策法规司 编

气象出版社

图书在版编目(CIP)数据

气象标准汇编：2005~2006/中国气象局政策法规司编. —北京：气象出版社，2008.3
ISBN 978-7-5029-4348-6

Ⅰ. 气… Ⅱ. 中… Ⅲ. 气象—标准—汇编—中国—2005~2006 Ⅳ. P4-65

中国版本图书馆 CIP 数据核字(2007)第 146573 号

气象出版社出版

(北京市海淀区中关村南大街 46 号　邮编：100081)
总编室：010-68407112　　　发行部：010-68409198
网址：http://cmp.cma.gov.cn　E-mail：qxcbs@263.net
责任编辑：陈爱丽　　终审：章澄昌
封面设计：王　伟　　责任技编：都　平　　责任校对：刘小华

*

北京京科印刷有限公司印刷
气象出版社发行　　全国各地新华书店经销

*

开本：880×1230　1/16　印张：19.75　字数：505 千字
2008 年 3 月第一版　2008 年 3 月第一次印刷
定价：50.00 元

本书如存在文字不清、漏印以及缺页、倒页、脱页等，请与本社
发行部联系调换

前　言

气象事业是科技型、基础性社会公益事业，对国家安全、社会进步具有重要的基础性作用，对经济发展具有很强的现实性作用，对可持续发展具有深远的前瞻性作用。气象标准化工作是气象事业发展的基础性工作，涉及到气象事业发展的各个方面，渗透于公共气象、安全气象、资源气象的各个领域。《国务院关于加快气象事业发展的若干意见》中要求："建立健全以综合探测、气象仪器设备和气象服务技术为重点的气象标准体系，加强气象业务工作的标准化、规范化管理。"因此，加强气象标准化建设，对于强化气象工作的社会管理、统一气象工作的技术和规范、加强气象信息的共享与合作，促进气象事业又好又快的发展，更好地为全面建设小康社会提供优质的气象服务具有十分重要的意义。

为了进一步加大对气象标准的学习、宣传和贯彻实施工作力度，使各级政府、广大社会公众和气象行业的广大气象工作者做到了解标准、熟悉标准、掌握标准、正确运用标准，充分发挥气象标准在现代气象业务体系建设、气象防灾减灾、应对气候变化等方面中的技术支撑和保障作用，中国气象局政策法规司对已颁布实施的气象国家标准和气象行业标准，按年度进行汇编，并已编辑印出版了2册。本册是第3册，汇编了2005—2006年颁布实施的气象方面的国家标准和气象行业标准共20项，供学习贯彻应用。

中国气象局政策法规司

2008年3月

目 录

热带气旋等级	1
沙尘暴天气监测规范	9
沙尘暴天气等级	25
气象干旱等级	33
牧区雪灾等级	55
土地荒漠化监测方法	63
冷空气等级	85
江河流域面雨量等级	93
城市火险气象等级	101
农林小气候观测仪	111
气象建设项目竣工验收规范	125
温度梯度自动测量仪	153
气象业务氢气作业安全技术规范	165
气象科技成果鉴定规程	175
气象用湿球纱布	227
CTS1型数字探空仪	233
气象台站历史沿革数据文件格式	249
气象档案（文献）缩微技术	265
气象数据集核心元数据	283
气象信息电话答询系统技术规范	301

ICS 07.060
A 47

中华人民共和国国家标准

GB/T 19201—2006
代替 GB/T 19201—2003

热带气旋等级

Grade of tropical cyclones

2006-05-09 发布　　　　　　　　　　　　　　2006-06-15 实施

中华人民共和国国家质量监督检验检疫总局
中国国家标准化管理委员会　发布

前言

本标准代替 GB/T 19201—2003《热带气旋等级》。修订时参考了蒲福风力等级表。

本标准与 GB/T 19201—2003 相比增加了强台风、超强台风 2 个等级。

本标准的附录 A 是资料性附录。

本标准由中国气象局提出。

本标准由中国气象局政策法规司归口。

本标准由中国气象局国家气象中心负责起草。

本标准主要起草人：钱传海、高拴柱、许映龙、卢山、张守峰、刘震坤、顾华、张玲、姚学祥、薛建军。

本标准于 2003 年 6 月首次发布。

GB/T 19201—2006

热带气旋等级

1 范围

本标准规定了我国预报责任区内热带气旋的等级及其划分原则。

本标准适用于我国预报责任区内热带气旋的业务和科学研究。有关热带气旋的业务规定可参照本标准执行。

2 术语和定义

下列术语和定义适用于本标准。

2.1

热带气旋 tropical cyclone

生成于热带或副热带洋面上,具有有组织的对流和确定的气旋性环流的非锋面性涡旋的统称,包括热带低压、热带风暴、强热带风暴、台风、强台风和超强台风。

2.2

风力等级 wind scale

根据风对地面(或海面)物体影响程度而定出的等级,用来估计风速的大小。

注:常用的风力等级系英国人蒲福(Beaufort)于1805年拟定,故又称"蒲福风力等级(Beaufort scale)",自0～12共分13个等级。自1946年以来,风力等级又做了扩充,增加到18个等级(0～17级)。蒲福风力等级表见附录A。

2.3

海平面气压 sea-level pressure

由本站气压推算到平均海平面高度上的气压值。

2.4

平均风速 mean wind speed

在给定的某一时段内的风速的平均值。

注:平均风速是风速的一种统计量。在观测规范中,以正点前2 min至正点内的平均风速作为该正点的风速。

2.5

热带气旋强度 tropical cyclone intensity

热带气旋底层(近地面或近海面,下同)中心附近的最大平均风速或最低海平面气压。

2.6

预报责任区 responsible forecasting area

各级气象台站按服务责任或行政区划规定而制作、发布热带气旋预报和警报的区域。

注:我国预报责任区指105°E～180°E、赤道以北的区域。

2.7

最大风力 maximum wind

在给定的某一时段内或某一期间内热带气旋底层中心附近所出现的平均风速的最大值。

注:最大风力通常以风级表示。

3 缩略语

下列缩略语适用于本标准。

STS 强热带风暴(severe tropical storm)。
STY 强台风(severe typhoon)。
SuperTY 超强台风(super typhoon)。
TC 热带气旋(tropical cyclone)。
TD 热带低压(tropical depression)。
TS 热带风暴(tropical storm)。
TY 台风(typhoon)。

4 热带气旋的等级

4.1 热带气旋等级划分的原则

热带气旋等级的划分以其底层中心附近最大平均风速为标准。

4.2 热带气旋等级划分

热带气旋分为热带低压、热带风暴、强热带风暴、台风、强台风和超强台风6个等级。
详见表1。

表 1 热带气旋等级划分表

热带气旋等级	底层中心附近最大平均风速/(m/s)	底层中心附近最大风力/级
热带低压(TD)	10.8～17.1	6～7
热带风暴(TS)	17.2～24.4	8～9
强热带风暴(STS)	24.5～32.6	10～11
台风(TY)	32.7～41.4	12～13
强台风(STY)	41.5～50.9	14～15
超强台风(SuperTY)	≥51.0	16 或以上

附 录 A
（资料性附录）
蒲福风力等级表

表 A.1

风力级数	名称	海面状况 海浪 一般/m	海面状况 海浪 最高/m	海岸船只征象	陆地地面征象	相当于空旷平地上标准高度 10 m 处的风速 n mile/h	相当于空旷平地上标准高度 10 m 处的风速 m/s	相当于空旷平地上标准高度 10 m 处的风速 km/h
0	静稳	—	—	静	静，烟直上	小于1	0～0.2	小于1
1	软风	0.1	0.1	平常渔船略觉摇动	烟能表示风向，但风向标不能动	1～3	0.3～1.5	1～5
2	轻风	0.2	0.3	渔船张帆时，每小时可随风移行2～3 km	人面感觉有风，树叶微响，风向标能转动	4～6	1.6～3.3	6～11
3	微风	0.6	1.0	渔船渐觉颠簸，每小时可随风移行5～6 km	树叶及微枝摇动不息，旌旗展开	7～10	3.4～5.4	12～19
4	和风	1.0	1.5	渔船满帆时，可使船身倾向一侧	能吹起地面灰尘和纸张，树的小枝摇动	11～16	5.5～7.9	20～28
5	清劲风	2.0	2.5	渔船缩帆（即收去帆之一部）	有叶的小树摇摆，内陆的水面有小波	17～21	8.0～10.7	29～38
6	强风	3.0	4.0	渔船加倍缩帆，捕鱼须注意风险	大树枝摇动，电线呼呼有声，举伞困难	22～27	10.8～13.8	39～49
7	疾风	4.0	5.5	渔船停泊港中，在海者下锚	全树摇动，迎风步行感觉不便	28～33	13.9～17.1	50～61
8	大风	5.5	7.5	进港的渔船皆停留不出	微枝折毁，人行向前感觉阻力甚大	34～40	17.2～20.7	62～74
9	烈风	7.0	10.0	汽船航行困难	建筑物有小损（烟囱顶部及平屋摇动）	41～47	20.8～24.4	75～88
10	狂风	9.0	12.5	汽船航行颇危险	陆上少见，见时可使树木拔起或使建筑物损坏严重	48～55	24.5～28.4	89～102
11	暴风	11.5	16.0	汽船遇之极危险	陆上很少见，有则必有广泛损坏	56～63	28.5～32.6	103～117
12	飓风	14.0	—	海浪滔天	陆上绝少见，摧毁力极大	64～71	32.7～36.9	118～133
13	—	—	—	—	—	72～80	37.0～41.4	134～149
14	—	—	—	—	—	81～89	41.5～46.1	150～166
15	—	—	—	—	—	90～99	46.2～50.9	167～183
16	—	—	—	—	—	100～108	51.0～56.0	184～201
17	—	—	—	—	—	109～118	56.1～61.2	202～220

参 考 文 献

[1] 裘国庆,方维模,等译.全球热带气旋预报指南.北京:气象出版社,1995.
[2] 中国气象局.台风业务和服务规定.北京:气象出版社,2001.
[3] 大气科学辞典编委会.大气科学辞典.北京:气象出版社,1994.
[4] 朱炳海,王鹏飞,黄家鑫.气象学词典.上海:上海辞书出版社,1985.
[5] 王志烈,费亮.台风预报手册.北京:气象出版社,1987.

ICS 07.060
A 47

中华人民共和国国家标准

GB/T 20479—2006

沙尘暴天气监测规范

Technical regulations of sand and dust storm monitoring

2006-08-28 发布　　　　　　　　　　　　　　　　　2006-11-01 实施

中华人民共和国国家质量监督检验检疫总局
中国国家标准化管理委员会　发布

前 言

本标准的附录 A、附录 D 为规范性附录,附录 B、附录 C 为资料性附录。

本标准由中国气象局提出。

本标准由中国气象局政策法规司归口。

本标准起草单位:中国气象局大气成分观测与服务中心。

本标准主要起草人:张小曳、汤洁、王亚强、张晓春、颜鹏、孙俊英、时建华。

引 言

本标准是依据《中华人民共和国气象法》、《中华人民共和国防沙治沙法》,在引用和参考国家标准和行业标准的基础上编制的。

沙尘暴是一种灾害性天气现象。严重威胁人民健康、生活质量、经济发展和国土、生态安全。为了提高沙尘暴预报的准确性,加强预警、减缓沙尘暴造成的影响,需要进行沙尘暴天气监测,以获取与沙尘暴天气发生、发展和变化有关的各种参数,提供描述沙尘暴天气的观测依据。

与沙尘暴天气监测相关的各种项目和方法众多,为瞄准预报、预警、服务并优选其方法,本标准列出的是可实时、长期、稳定开展的监测项目,其他未列入的监测项目可由另外的规范(章)加以规定,同时由于卫星监测沙尘暴方法的多样性及不成熟性,本标准目前只编制地基沙尘暴天气监测站点的监测规范。沙尘暴天气监测的主要目的是沙尘暴预报、预警,为了使监测数据更好地为预报服务,本标准在附录 D 中还规定了沙尘暴数值预报的相关内容。

能见度是世界气象组织(WMO)各成员国用于区分不同等级沙尘暴天气的重要指标,在我国已经有 50 余年的数据积累,且在我国上千个气象站点上作为常规观测项目,应视为沙尘暴天气监测基本和传统的指标;风是产生沙尘暴的必要因素,并对沙尘暴天气等级划分有辅助作用,其中与沙尘暴有最直接关系的地面风速应该是一个重要的监测项目。伴随着沙尘暴的发生、发展和平息,空气动力学等效直径小于或等于 40 μm 的沙尘气溶胶粒子(DM_{40})能够代表绝大多数沙尘暴颗粒,且通常可以长距离输送形成较大范围的影响,因此被多数科学研究选为表征沙尘暴的重要参数,也被选为沙尘暴数值预报系统输出的核心物理量。理想的状态是对 DM_{40} 进行监测,但是本标准发布之时尚无技术手段直接观测 DM_{40},考虑到沙尘暴期间大气气溶胶的主要成分是沙尘气溶胶,基于目前的观测技术,选择接近的物理量 PM_{30}(空气动力学等效直径小于或等于 30 μm 的气溶胶粒子)进行监测也不失为监测这种重要的、反映沙尘暴天气的指标一种可行的方法;大气飘尘(PM_{10})在有较大强度和较大影响范围沙尘暴发生期间,可以近似地表征空气动力学等效直径小于等于 10 μm 的沙尘气溶胶粒子,也可视继前两种监测指标后的另一个补充指标。同时由于 PM_{10} 可被人体吸入,对于评价沙尘暴对人的健康影响有较重要的作用;大气降尘可以反映一个较长时间段沉降到地表的沙尘暴颗粒的总体特征,而且采集的降尘样品能够对沙尘的理化特征进行后续分析、评估其影响等,也是一种与沙尘暴天气监测有关的参数;在沙尘暴潜在源地、自然状况下测得的浅层土壤湿度对沙尘暴数值预报准确性也有较大影响,也可视为沙尘暴天气监测中的一个监测项目。

沙尘暴天气监测规范

1 范围

本标准规定了沙尘暴天气监测的工作任务、监测项目、监测方法、操作技术规范、数据记录与资料的存档、质量控制和保证，以及与沙尘暴数值预报有关的内容。

本标准适用于在固定站点开展沙尘暴天气监测工作以及与之联系的沙尘暴数值预报工作，利用其他方式和观测平台开展沙尘暴天气监测工作可参照执行。

2 规范性引用文件

下列文件中的条款通过本标准的引用而成为本标准的条款。凡是注日期的引用文件，其随后所有的修改单（不包括勘误的内容）或修订版均不适用于本标准，然而，鼓励根据本标准达成协议的各方研究是否可使用这些文件的最新版本。凡是不注日期的引用文件，其最新版本适用于本标准。

GB/T 6921—1986　大气飘尘浓度测定方法
GB/T 15265—1994　环境空气　降尘的测定　重量法
QX 2—2000　新一代天气雷达站防雷技术规范
QX 3—2000　气象信息系统雷击电磁脉冲防护规范
QX 4—2000　气象台（站）防雷技术规范
地面气象观测规范
农业气象观测规范

3 术语和定义

下列术语和定义适用于本标准。

3.1
浮尘　suspended dust

尘土、细沙均匀地浮游在空中，使水平能见度小于 10 km 的天气现象。

3.2
扬沙　blowing sand

风将地面尘沙吹起，使空气相当混浊，水平能见度在 1 km～10 km 以内的天气现象。

3.3
沙尘暴　sand and dust storm

风将地面大量尘沙吹起，使空气很混浊，水平能见度小于 1 km 的天气现象。

3.4
强沙尘暴　severe sand and dust storm

大风将地面尘沙吹起，使空气非常混浊，水平能见度小于 500 m 的天气现象。

注："大风"一般指风力 8 级～9 级，即风速大于 17.2 m/s，小于 24.5 m/s。

3.5
特强沙尘暴　extreme severe sand and dust storm

狂风将地面大量尘沙吹起，使空气特别混浊，水平能见度小于 50 m 的天气现象。

注："狂风"一般指风力大于 10 级，即风速大于 24.5 m/s。

3.6
沙尘暴天气 sand and dust storm weather

浮尘、扬沙、沙尘暴、强沙尘暴和特强沙尘暴的统称。

3.7
能见度 visibility

能见度用气象光学视程表示。气象光学视程是指白炽灯发出色温为 2 700 K 的平行光束的光通量,在大气中削弱至初始值的 5% 所通过的路径长度。

注:通常以 km 为单位(见《地面气象观测规范》)。

3.8
40 μm 沙尘气溶胶粒子 sand and dust particle matter with diameter less than 40 μm

DM_{40}

空气动力学等效直径小于或等于 40 μm 的沙尘气溶胶粒子。

3.9
30 μm 气溶胶粒子 particle matter with diameter less than 30 μm

PM_{30}

空气动力学等效直径小于或等于 30 μm 的气溶胶粒子。

3.10
大气飘尘 airborne particulate matter

PM_{10}

也称为可吸入气溶胶粒子(inhalable particulates),是指空气动力学等效直径小于或等于 10 μm 的大气气溶胶粒子。

3.11
大气降尘 dust fall

主要通过干、湿沉降过程在集尘缸内采集的气溶胶粒子。

3.12
浅层土壤湿度 surface soil moisture

0～10 cm 深度内土壤的干湿程度。

注:用土壤含水量(质量)占土壤干重(质量)的质量分数表示。

4 工作任务和监测项目

4.1 工作任务

a) 记录、审核、报送沙尘暴天气监测数据和记录资料;
b) 定期编写监测环境报告书;
c) 维护沙尘暴天气监测场地;
d) 正确使用、维护、送修和送检沙尘暴天气监测仪器;
e) 定时更新沙尘暴数值预报系统各项输入参数,按时提交模式运行作业;
f) 开展监测的质量控制和质量保证活动,并定期整编和归档沙尘暴天气监测与数值预报资料。

4.2 监测项目

a) 能见度;
b) 30 μm 气溶胶(PM_{30})粒子浓度;
c) 大气飘尘(PM_{10})浓度;
d) 大气降尘;
e) 浅层土壤湿度;

f) 地面风速。

5 沙尘暴天气监测站

沙尘暴天气监测站是完成各种地基沙尘暴天气监测工作的场所,大气水平能见度、大气飘尘浓度、地面风速为必须开展的观测项目。

5.1 选址和观测环境

沙尘暴天气监测站应位于沙尘暴天气影响的主要地区,应位于相对当地海拔的一个高地(宜高出当地地表 10 m～1 000 m)。在大范围较平坦地表设立的观测站,应选择高大建筑物或通过铁塔等架高观测平台;在城市设立观测站,应选择建筑物顶部,该建筑物原则上与四周障碍物的距离应大于障碍物高度的 10 倍,使观测的结果尽可能多地代表较大范围或区域沙尘的平均状况,站点周围地形应开阔、平缓,尽量避免因复杂地形而引起的局地环流或易于形成稳定逆温层的区域,并尽可能地避免局地各种活动释放的气溶胶粒子的影响。地面观测场的环境还应符合《中华人民共和国气象法》以及所在地区的气象观测环境保护的法规、规章和规范性文件的要求,并依法予以保护。

5.2 观测场

在地形、环境等条件允许情况下,地面观测场面积应尽可能不小于 7 m(东西方向)×10 m(南北方向),并设无反光的稀疏围栏保护。场地应平整,保持有高度不超过 20 cm 的均匀草层(不长草的地区除外)。观测场内应修建 0.3 m～0.5 m 宽的小路,铺设线缆的电缆沟(管);在建筑物顶部设立的站点应高于楼顶其他建筑及设施。观测场应具有一个观测房屋(宜使用冷藏板材质的观测小屋),观测房屋内应具备能妥善放置仪器设备的室内空间,并具有稳压-滤波电源、温度控制和必要的防雷、防火等基础条件,以保障观测仪器正常运行。观测场地应修建防雷、接地设施(接地电阻应不大于 5Ω)。

5.3 仪器设备

仪器设施的布置要注意互不影响,便于观测操作。仪器安放和防雷标准参照《地面气象观测规范》和气象行业标准(QX 2—2000,QX 3—2000,QX 4—2000)执行。

5.4 保障系统

观测站应具备一定的后勤基础条件,并具备稳定的电力、固定的观测人员、方便的交通和安全快捷的数据和信息传输通道。

6 监测环境报告书

6.1 填写时间

沙尘暴天气监测站开展沙尘暴天气监测前应进行周围环境情况的调查,填写监测环境报告书。每年年初填写一份监测环境报告书,修改补充或确认原有内容,及时记录和反映周围重要污染源和其他观测环境的变化。其他时间当环境发生重大变更时,应及时增加环境报告书。应保留周围环境的照片。

6.2 内容及格式

监测环境报告书填写内容、格式及填写说明见附录 A。

7 测量方法

7.1 能见度

7.1.1 测量要素

能见度(仪器测量)。

7.1.2 测量仪器

透射式能见度仪或散射式能见度仪。建议使用前向散射仪。仪器技术指标见附录 B,能见度计算见附录 C。

7.1.3 校准

用标准散射器校准。

7.1.4 测量方式和结果表示

测量方式：连续测量。

结果表示：大气能见度，小时平均值，精确到 0.01 km。

7.2 30 μm 大气气溶胶(PM_{30})浓度

7.2.1 测量要素

30 μm 大气气溶胶(PM_{30})浓度。

7.2.2 测量仪器

激光 90°散射大气颗粒物监测仪。仪器技术指标见附录 B。

7.2.3 校准

采用标准质量流量计(优于 1‰)校准采样流量控制器，每年一次。

7.2.4 测量方式和结果表示

测量方式：连续测量。

结果表示：小时平均质量浓度，以 $\mu g/m^3$(标准状态)表示，精确到 1 $\mu g/m^3$。

7.3 大气飘尘(PM_{10})

7.3.1 测量要素

大气飘尘(PM_{10})的质量浓度。

7.3.2 测量仪器

β射线大气气溶胶粒子监测仪或锥管振荡微天平法大气气溶胶粒子监测仪，配 10 μm 采样切割器；或激光 90°散射大气颗粒物监测仪。仪器技术指标见附录 B。采样切割器的性能指标符合 GB/T 6921—1986 的有关要求。

7.3.3 校准

β射线大气气溶胶粒子监测仪或激光 90°散射大气颗粒物监测仪：采用标准质量流量计(优于 1‰)校准采样流量控制器，每年一次。

锥管振荡微天平法大气气溶胶粒子监测仪：采用标准质量滤膜校准质量传感器，质量称量精度 0.000 01 g，每年一次。采用标准质量流量计(优于 0.5‰)校准采样流量控制器和旁路流量控制器，每年一次。

7.3.4 测量方式和结果表示

测量方式：连续测量。

结果表示：小时平均质量浓度，以 $\mu g/m^3$(标准状态)表示，精确到 1 $\mu g/m^3$。

7.4 大气降尘

7.4.1 测量要素

大气降尘的负荷强度，即单位面积上单位时间内从大气中沉降的气溶胶粒子的质量。

7.4.2 测量仪器

参照 GB/T 15265—1994 执行。

7.4.3 校准

参照 GB/T 15265—1994 执行。

7.4.4 测量方式和结果表示

测量方式：每年 2 月 1 日至 5 月 31 日，按旬定期更换集尘缸一次(10±2)日，取换缸的时间为每旬的第一天的早 8 时～8 时 30 分。其余月份，按月定期更换集尘缸一次(30±2)日，取换缸的时间为每月的第一天的早 8 时～8 时 30 分。

结果表示：每月每平方公里面积上沉降的气溶胶粒子质量(每月按 30 天计)，单位为 $t/(km^2 \cdot 30\ d)$，保留一位小数。测量结果的计算方法参照 GB/T 15265—1994 执行。

7.5 浅层土壤湿度

7.5.1 测量要素
浅层土壤湿度,即 0～10 cm 深度内土壤的重量含水量。

7.5.2 测量方法
烘干称重法(人工测量)或频域反射法(仪器测量)。

7.5.3 仪器与设备
a) 烘干称重法:
土钻、盛土盒、刮土刀、托盘天平、烘箱等。
b) 仪器测量:
频域反射法土壤湿度测量仪。

7.5.4 校准
a) 烘干称重法:称量天平要定期送往计量部门检定。每年第一次取土前应称量盛土盒的重量,以克(g)为单位,取一位小数。
b) 频域反射法土壤湿度测量仪:每年进行一次校准。校准在安装土壤湿度传感器的观测场周围与其土壤质地相同的田块或草地上进行,选取 4 个测点,进行不同的灌水处理。在每个测点,用频域反射法测量土壤重量含水量。同时,在每个测点 10 cm 周围,用取土钻在采取各个校准层的土样用烘干称重法测量其重量含水量。

7.5.5 测量方式和结果表示
a) 烘干称重法:
测量方式:在每旬第三天和第八天各进行一次测量。测量方法及程序参照《农业气象观测规范》执行。
结果表示:以土壤含水量(%)表示,每一旬更新一次。
b) 频域反射法土壤湿度测量仪:
测量方式:连续测量。
结果表示:以土壤含水量(%)表示。

7.6 地面风速

7.6.1 测量要素
距地面约 10 m 处风速。

7.6.2 测量仪器
参照《地面气象观测规范》执行。

7.6.3 校准及维护
参照《地面气象观测规范》执行。

7.6.4 测量方式和结果表示
测量方式:连续测量。
结果表示:单位时间内空气移动的水平距离,单位为米每秒(m/s)。

8 数据记录、处理和归档

8.1 数据记录的范围
沙尘暴天气监测的数据包括:能见度、30 μm 气溶胶(PM_{30})粒子浓度、大气飘尘(PM_{10})浓度、大气降尘、浅层土壤湿度和地面风速测量记录数据、监测记录和校准数据记录等。

8.2 数据记录的时间
所有记录以国际时间记录,24 h 体制。

连续测量的记录时间为该测量时段的结束时刻,如果记录时间为日期交替时刻,则记为逝去日的 24 时 00 分。

8.3 数据记录的方式和文件命名规定

测量数据均须按照规定格式形成 ASCII 文本格式的测量数据文件,监测记录和校准数据记录必须保留纸制记录。

测量数据文件的命名格式是:

Z_SAND_xxx_C5_ccccc_yyyyMMddhhmmss.TXT

Z——气象各中心生成的地区产品标志符。

SAND——标识文件中数据的实际类型是沙尘暴天气数据。

xxx——观测项目类型缩写。具体编码如下:

VIS——大气能见度;

P30——30μm 大气气溶胶浓度;

P10——大气飘尘质量浓度;

SOI——浅层土壤湿度;

DDS——大气降尘负荷;

SWV——地面风速。

C5——表示采用 5 位区站号编码。

ccccc——监测站区站号。

yyyyMMddhhmmss——文件生成时间(固定长度,国际时间):无效位用"0"补齐;

yyyy——表示年份;MM——表示月份;dd——表示日期;hh——表示小时;mm——表示分钟;ss——表示秒。

文件名中字母全部大写。监测记录和校准数据记录为表格形式。

8.4 测量数据文件格式及传送

测量数据文件采用 ASCII 文本格式,文件中第一行为文件头,以空格分开,依次为区站号、经度、纬度、海拔高度、仪器数据采集时间间隔;从第二行开始为数据,按时间顺序以行排列,数据行的第一列为数据采集时间,其后为具体的数据。

仪器自动采集数据的项目要求每小时传送一次数据,大气降尘的观测数据及人工土壤湿度观测数据每旬传送一次。

8.5 监测数据的保管和归档

沙尘暴天气监测记录应用黑、蓝色墨水填写,字迹应清晰工整。校对时发现有误的,应将整组错误记录划去,并在其上侧书写正确记录,不应在记录簿上涂改。

电子化的数据资料应在监测站备份。

所有监测记录须定期整编,由沙尘暴天气监测站点保管,并定期归档。

9 质量控制和质量保证

9.1 健全质量管理制度

制定站内值班制度、仪器安全使用(操作)和管理制度、监测资料和档案管理制度以及监测工作质量检查制度。

9.2 仪器校准和标准传递

建立站内和站外仪器标准,定期校准和送检仪器,保证有关量值标准的准确传递,并开展站点间仪器比对活动。

9.3 数据有效性检查

对于站点内的人工测量项目,需制作测量质量控制图,按照质量控制图的极值统计指标,确定本站的站内复测上下限。

对于仪器监测数据,由专业人员进行每日检查,进行审核,判别其有效性。

附 录 A
（规范性附录）
沙尘暴天气监测站监测环境报告书

A.1 沙尘暴天气监测站监测环境报告书（见表 A.1）

表 A.1 沙尘暴天气监测站监测环境报告书

站名			区站号		填写日期	
经度			纬度		海拔高度	
监测站土壤类型						
		全年	春季	夏季	秋季	冬季
降水量/mm						
主导风向、风频/%、风速/(m/s)						
次主导风向、风频/%、风速/(m/s)						

采样点周围 50 m 环境示意图：

（图示）

0 10 20 m

周围土地利用状况	方位（北为 0°）	5 km 以内	5 km～10 km	10 km～20 km	20 km～50 km
	东（45°～135°）				
	南（135°～225°）				
	西（225°～315°）				
	北（315°～45°）				
备注：					

续表

	污染源名称	直线距离	方位	燃料种类和用量	污染物种类	排放量
污染源调查						
备注：						

填写： 审核： 站长：

A.2 填写说明

A.2.1 在第一年填写监测环境报告书时，必须调查观测场的土壤类型，以后各年如无站点搬迁或站址场地改造，则可简略填写"无变化"。

A.2.2 主导、次主导风向和降水量统计栏目内，填写前3年的统计结果。季节划分标准是3月、4月、5月为春季，6月、7月、8月为夏季，9月、10月、11月为秋季，12月、1月、2月为冬季。

A.2.3 观测场周围50 m范围，系指观测场围栏向外延伸50 m的范围。高大物体指高于10 m的树木、房屋、烟囱和塔杆等。如果与前一年情况相同，可简略填写"同上年"。

A.2.4 土地利用状况按方位和距离填写，每栏最多填写三个主要特征（按照面积大小的顺序），如：城区、工业区、农业区、牧区、森林、湖泊、沼泽、海洋、裸露地表（包括山地）、沙漠等。如某一栏中相应的土地利用状况特征及其顺序与前一年相同，可简略填写"同上年"。某些大规模工程的工地可以在备注栏中注明。

A.2.5 污染源调查栏内填写20 km以内化肥厂、农药厂、石油化工厂、火力发电厂、水泥厂、炼焦厂等大型污染源和500 m内的锅炉烟囱等污染源。栏目不足时，可增加附页。如果某一项污染源与前一年相同，可在名称以外各栏目中简略填写"同上年"。

GB/T 20479—2006

附 录 B
（资料性附录）
沙尘暴天气监测仪器技术指标

B.1 透射式能见度仪

- 光源:白光(频闪氙灯);
- 接收器接收角:0.5°;
- 接收器响应谱段:300 nm～700 nm;
- 测量范围:25 m～10 000 m;
- 精密度:±10%;
- 时间常数:60 s;
- 测量时间间隔:1 s;
- 操作环境温度:−40℃～+55℃;
- 操作相对湿度:0%～100%;
- 抗风:60 m/s。

B.2 散射式能见度仪

- 光源:红外光源;
- 测量范围:10 m～15 000 m(1 min 平均值);15 000 m～50 000 m(10 min 平均值);
- 精密度:±10%,10 m～10 000 m;±20%,10 000 m～50 000 m;
- 操作环境温度:−40℃～+55℃;
- 操作相对湿度:0%～100%;
- 抗风:60 m/s。

B.3 激光 90°散射大气颗粒物监测仪

- 最小检测粒径:0.25 μm;
- 线性测量范围:0.1 μg/m³～>1 500 μg/m³;
- 线性误差:≤2.5%;
- 仪器的重复性:≤3%;
- 最小时间分辨率:1 h;
- 流量测量精密度:优于 1%。

B.4 β射线大气气溶胶粒子监测仪:

- 最小检测限:0.01 μg/m³;
- 线性测量范围:0 μg/m³～10 000 μg/m³;
- 线性误差:≤2.5%;
- 仪器的重复性:≤2.5%;
- 最小时间分辨率:1 h;
- 采样流量:10 L/min～20 L/min;
- 流量测量精密度:优于 5%。

B.5 锥管振荡微天平法大气气溶胶粒子监测仪：

- 最小检测限：0.01 $\mu g/m^3$；
- 测量范围：5 $\mu g/m^3$～10 000 $\mu g/m^3$；
- 质量传感器误差：≤2.5%；
- 最小时间分辨率：1 min；
- 采样流量：1.0 L/min～4.5 L/min；
- 流量测量精密度：优于1%。

B.6 烘干称重法：

- 托盘天平：载重量为100 g，感应量为0.1 g；
- 烘箱：容积≥10 L，加热温度范围不低于150 ℃，温度控制精度优于±1℃。

B.7 频域反射法土壤湿度测量仪：

- 测量范围：0～100%土壤体积含水量；
- 分辨率：0.1%；
- 准确度：±1%(0～40%(含40%))；±2%(40%～100%)；
- 平均功耗：0.26 W；
- 工作电压：交流220 V±10%，50 Hz±5%；
- 工作环境：温度：-50℃～+60℃，相对湿度：0%～100%。

附 录 C
（资料性附录）
能见度计算公式

C.1 能见度计算

能见度仪可直接测量大气的消光系数,再按式(C.1)计算大气能见度。

$$V=\frac{1}{\sigma_{ext}}\ln\left(\frac{1}{\varepsilon}\right)=\frac{3.912}{\sigma_{ext}} \quad\quad\quad\quad\quad\quad (C.1)$$

式中：

V——大气能见度,单位为千米(km)；

σ_{ext}——大气(包括分子和气溶胶)在波长550 nm处的总消光系数,单位为每千米(km^{-1})；

ε——对比度阈值,取0.02。

附 录 D
（规范性附录）
沙尘暴数值预报

D.1 沙尘暴数值预报要素

由DM_{40}的空间分布确定的各种等级沙尘暴天气现象（浮尘、扬沙、沙尘暴、强沙尘暴、特强沙尘暴）出现的时间、地点及其移动、消散等变化过程。

D.2 沙尘暴数值预报模式组成

沙尘暴数值预报系统应由数值天气预报模式、沙尘释放方案、沙尘输送与沉降方案以及包括表土各相关性质的数据库组成。

D.3 沙尘暴数值预报模式输出

D.3.1 模式输出数据格式

沙尘暴数值预报系统输出数据为DM_{40}浓度的三维空间分布，单位为微克每立方米（$\mu g/m^3$），时间间隔为3 h（即北京时间02、05、08、11、14、17、20、23时）。

D.3.2 模式输出对应的沙尘暴天气现象

沙尘暴数值预报系统输出的DM_{40}浓度（$\mu g/m^3$）	沙尘暴天气现象
$200 \leqslant DM_{40} < 500$	浮尘
$500 \leqslant DM_{40} < 2\,000$	扬沙
$2\,000 \leqslant DM_{40} < 5\,000$	沙尘暴
$5\,000 \leqslant DM_{40} < 20\,000$	强沙尘暴
$DM_{40} \geqslant 20\,000$	特强沙尘暴

D.4 沙尘暴数值预报比对

各时次数值预报结果应与气象站与沙尘暴观测站同时次的地面资料进行对比、验证，对比所用的主要地面资料项目应包括地面气象观测资料和本规范所列出的观测项目资料。沙尘暴天气过程还可与卫星反演的沙尘空间分布等资料进行对比、验证。

ICS 07.060
A 47

中华人民共和国国家标准

GB/T 20480—2006

沙 尘 暴 天 气 等 级

Grade of sand and dust storm weather

2006-08-28 发布　　　　　　　　　　　　　　　　2006-11-01 实施

中华人民共和国国家质量监督检验检疫总局
中国国家标准化管理委员会　发布

前 言

本标准由中国气象局提出。

本标准由中国气象局政策法规司归口。

本标准起草单位：中国气象局国家气象中心、中国气象局预测减灾司。

本标准主要起草人：牛若芸、田翠英、毕宝贵、杨克明、王友恒。

引 言

本标准依据《中华人民共和国气象法》,在引用和参考国家标准和行业标准的基础上编制的。

沙尘天气是风将地面尘土、沙粒卷入空中,使空气混浊的一种天气现象的统称。它包括浮尘、扬沙、沙尘暴、强沙尘暴和特强沙尘暴天气等。沙尘天气是影响我国北方地区的主要灾害性天气系统之一。沙尘天气发生的地区,给人民生命财产造成巨大损失。

我国气象部门从2000年起正式开展了沙尘天气预报服务工作,并每年编写《沙尘天气年鉴》。为了更好地掌握沙尘天气活动规律,提高沙尘天气的预报预警,特别是沙尘暴、强沙尘暴和特强沙尘暴天气过程的预报预警,减轻沙尘天气带来的损失和更好地预防沙尘天气,需要对沙尘天气和沙尘天气过程进行统一规范,从而提高沙尘天气的预报准确率。本标准提供了沙尘天气和沙尘天气过程的划分等级。

沙尘暴天气等级

1 范围

本标准规定了沙尘天气和沙尘天气过程的等级。

本标准适用于与沙尘天气相关的气象、环保、农业、林业、交通等领域。

2 术语和定义

下列术语和定义适用于本标准。

2.1
沙尘天气 sand and dust weather

风将地面尘土、沙粒卷入空中,使空气混浊的一种天气现象的统称,包括浮尘、扬沙、沙尘暴、强沙尘暴和特强沙尘暴。

2.2
沙尘天气过程 sand and dust weather process

有沙尘天气的发生、发展、消失的天气过程,包括浮尘天气过程、扬沙天气过程、沙尘暴天气过程、强沙尘暴天气过程和特强沙尘暴天气过程。

2.3
天气过程 weather process

天气或天气系统的发生、发展、消失及其演变的全部历程。

2.4
能见度 visibility

在当时天气条件下,正常人的视力能将具有足够大视角并与背景有足够亮度的目标物从背景中区别出来的最大距离。单位为米(m)或千米(km)。

2.5
风速 wind speed

单位时间内空气在水平方向上的位移。单位为米每秒(m/s)、千米每小时(km/h)。

2.6
国家基本气象站 national basic meteorological station

简称基本站。

根据国家气候分析和天气预报的需要所设置的地面气象观测站,大多担负区域或国家气象信息交换任务,是国家天气气候站网中的主体。

2.7
国家基准气候站 national basic climatic station

简称基准站。

根据国家气候区别,以及全球气候观测系统的要求,为获取具有充分代表性的长期、连续气候资料而设置的气候观测站。

3 沙尘天气的等级

3.1 划分原则和等级

沙尘天气的等级主要依据沙尘天气当时的地面水平能见度划分,依次分为浮尘、扬沙、沙尘暴、强沙尘暴和特强沙尘暴五个等级。

3.2 浮尘

当天气条件为无风或平均风速≤3.0 m/s时，尘沙浮游在空中，使水平能见度小于10 km的天气现象。

3.3 扬沙

风将地面尘沙吹起，使空气相当混浊，水平能见度在1 km～10 km以内的天气现象。

3.4 沙尘暴

强风将地面尘沙吹起，使空气很混浊，水平能见度小于1 km的天气现象。

3.5 强沙尘暴

大风将地面尘沙吹起，使空气非常混浊，水平能见度小于500 m的天气现象。

3.6 特强沙尘暴

狂风将地面尘沙吹起，使空气特别混浊，水平能见度小于50 m的天气现象。

4 沙尘天气过程的等级

4.1 划分原则和等级

沙尘天气过程的等级依据成片出现沙尘天气的国家基本（准）站的数目和沙尘天气的等级划分，依次分为浮尘天气过程、扬沙天气过程、沙尘暴天气过程、强沙尘暴天气过程和特强沙尘暴天气过程五个等级。若某次沙尘天气过程同时达到两种以上等级时，以最强的沙尘天气过程等级为准。

4.2 浮尘天气过程

在同一次天气过程中，相邻5个或5个以上国家基本（准）站在同一观测时次出现了浮尘的沙尘天气。

4.3 扬沙天气过程

在同一次天气过程中，相邻5个或5个以上国家基本（准）站在同一观测时次出现了扬沙或更强的沙尘天气。

4.4 沙尘暴天气过程

在同一次天气过程中，相邻3个或3个以上国家基本（准）站在同一观测时次出现了沙尘暴或更强的沙尘天气。

4.5 强沙尘暴天气过程

在同一次天气过程中，相邻3个或3个以上国家基本（准）站在同一观测时次成片出现了强沙尘暴或特强沙尘暴天气。

4.6 特强沙尘暴天气过程

在同一次天气过程中，相邻3个或3个以上国家基本（准）站在同一观测时次出现了特强沙尘暴的沙尘天气。

参 考 文 献

[1] 朱炳海,王鹏飞,束家鑫.气象学词典.上海:上海辞书出版社,1985.

[2] 中国气象局文件,气发[2003]12号,关于印发《沙尘天气预警业务服务暂行规定(修订)》的通知,附件:《沙尘天气预警业务服务暂行规定(修订)》.

[3] GB/T 19201—2003 热带气旋等级.北京:中国标准出版社,2003.

ICS 07.060
A 47

中华人民共和国国家标准

GB/T 20481—2006

气象干旱等级

Classification of meteorological drought

2006-08-28 发布　　　　　　　　　　　　　　　　2006-11-01 实施

中华人民共和国国家质量监督检验检疫总局
中国国家标准化管理委员会　发布

前　言

本标准的附录 A 为资料性附录,附录 B、附录 C、附录 D 为规范性附录。

本标准由中国气象局提出。

本标准由中国气象局政策法规司归口。

本标准由国家气候中心负责起草,中国气象科学研究院、国家气象中心、中国气象局预测减灾司参与起草。

本标准主要起草人:张强、邹旭恺、肖风劲、吕厚荃、刘海波、祝昌汉、安顺清。

引 言

干旱是我国主要的自然灾害之一,具有发生频率高、持续时间长、波及范围广的特点。干旱的频繁发生和长期持续不但给国民经济带来巨大的损失,还会造成水资源短缺、沙尘暴增加、荒漠化加剧、生态与环境恶化等不利影响。近几十年来,随着全球气候变暖的不断加剧,干旱事件也呈现明显的上升趋势。

长期以来,气象工作者对干旱及其指标进行了大量的研究,但由于各地气候差异大、各级气象部门技术力量发展不均衡,在使用干旱指标方法、划分干旱等级和监测、评估干旱发生和影响时,各地往往存在很大差异,无法进行时空比较,难以满足各级人民政府组织防御气象灾害的需求。因此,本标准旨在规范全国通用的、具有空间和时间可比性、能较为客观地描述干旱的发生、发展、持续、解除等过程,以及干旱发生程度和范围的等级标准,使全国干旱监测与评估业务规范化、标准化。

干旱问题十分复杂,涉及面广,可分为气象干旱、农业干旱、水文干旱以及经济社会干旱等,气象干旱是其他专业性干旱研究和业务的基础。本标准所制定的气象干旱等级,适用于气象、水文、农业、林业、社会经济等行业从事干旱监测、评估部门使用。本标准的主要技术方法是目前国内外干旱监测与评估业务中使用较为普遍、简便、客观、科学、操作性较强的干旱指标与方法。气象干旱等级划分为五个等级,分别为无旱、轻旱、中旱、重旱和特旱。

气象干旱等级

1 范围

本标准规定了气象干旱指数的计算方法、等级划分标准、等级命名、使用方法等。

本标准适用于气象、水文、农业、林业、社会经济等领域从事干旱监测、评估业务与科研工作。

2 术语和定义

下列术语和定义适用于本标准。

2.1
降水量 precipitation

从云中降落到单位面积平面上(假定无渗漏、蒸发、流失等)液态或固态(经融化后)的水层深度,降水量单位为毫米(mm)表示。

注:降水包括雨、雪、雨夹雪、米雪、霜、冰雹、冰粒和冰针等形式。

2.2
气温 air temperature

空气冷热程度的物理量,单位为摄氏度(℃)。

2.3
风速 wind speed

空气所经过的距离与其所需时间的比值,单位为米每秒(m/s)。

2.4
相对湿度 relative humidity

在同一温度下实际水气压与饱和水气压的比值,以百分率(%)表示。

2.5
日照时数 sunshine duration

太阳在一地实际照射水平地面的时间数,单位为小时(h)。

2.6
可能蒸散量 potential evapotranspiration

在下垫面足够湿润条件下,水分保持充分供应的蒸散量,又称为蒸发力或最大可能蒸散量,单位为毫米(mm)。

注:本标准中采用联合国粮农组织推荐的FAO Penman-Monteith修正公式或Thornthwaite方法计算可能蒸散量,计算方法参见附录B。

2.7
土壤相对湿度 relative soil moisture

土壤实际含水量占土壤田间持水量的比值,以百分率(%)表示。

2.8
土壤湿度 soil moisture

单位容积或单位重量土壤中的水分含量占同容积或同质量土壤烘干后质量的百分比,以百分率(%)表示。

2.9
土壤田间持水量 soil field capacity

土壤所能保持的毛管悬着水的最大水分含量。以水分占同容积或同质量土壤烘干后质量的百分率（%）表示。

2.10
相对湿润度指数 relative moisture index
某时段的降水量与同时段内可能蒸散量之差再除以同时段内可能蒸散量。

2.11
气候平均值 climatic normal
气象要素30年或以上的平均值。
注：本标准根据WMO有关规定取最近三个年代的平均值作为气候平均值。如：2001年～2010年期间，气候平均值取1971年～2000年共30年的平均值。

2.12
气象干旱 meteorological drought
某时段由于蒸发量和降水量的收支不平衡，水分支出大于水分收入而造成的水分短缺现象。

2.13
气象干旱指数 meteorological drought index
利用气象要素，根据一定的计算方法所获得的指标，来监测或评价某区域某时间段内由于天气气候异常引起的水分亏欠程度。

2.14
气象干旱等级 classification of meteorological drought category
描述干旱程度的级别标准，也就是气象干旱指数的级别划分。

2.15
干旱发生 drought occurrence
某时段降水量较气候平均值偏少，空气干燥，或蒸发引起土壤水分出现不足，对植被生长发育产生不利影响，气象干旱等级达到轻旱以上标准。

2.16
干旱发展 drought aggravation
某时段降水量持续较气候平均值偏少，且土壤水分较前一段时间进一步减少，对植被影响较前期严重，气象干旱强度比前期加重，气象干旱等级至少加重一个等级。

2.17
干旱持续 drought persistence
某时段降水量与蒸发量基本维持平衡，前期由于降水量偏少导致的土壤水分不足仍然维持，对植被影响与前期相近，气象干旱等级与前期相同。

2.18
干旱缓和 drought alleviation
出现自然降水，土壤水分较前一段时间增加，干旱对植被影响较前期减轻，气象干旱等级较前期至少减轻一个等级。

2.19
干旱解除 drought relief
某时段出现较多自然降水，使土壤水分达适宜或偏湿状态，气象干旱等级达无旱或正常等级。

2.20
降水量距平百分率 percentage of precipitation anomalies
某时段的降水量与常年同期气候平均降水量之差与常年同期气候平均降水量相比的百分率，单位用百分率（%）表示。

2.21
气候适宜降水量 climatically appropriate for existing condition precipitation(CAFEC Precipitation)
保持与某地区已确定的水分利用相适应的水资源所需要的降水量,单位为毫米(mm)。

3 单项气象干旱指数

3.1 降水量距平百分率(P_a)

3.1.1 降水量距平百分率气象干旱等级(见表1)

表1 降水量距平百分率气象干旱等级划分表

等级	类型	降水量距平百分率/%		
		月尺度	季尺度	年尺度
1	无旱	$-40<P_a$	$-25<P_a$	$-15<P_a$
2	轻旱	$-60<P_a\leqslant-40$	$-50<P_a\leqslant-25$	$-30<P_a\leqslant-15$
3	中旱	$-80<P_a\leqslant-60$	$-70<P_a\leqslant-50$	$-40<P_a\leqslant-30$
4	重旱	$-95<P_a\leqslant-80$	$-80<P_a\leqslant-70$	$-45<P_a\leqslant-40$
5	特旱	$P_a\leqslant-95$	$P_a\leqslant-80$	$P_a\leqslant-45$

3.1.2 降水量距平百分率的计算方法

降水量距平百分率是表征某时段降水量较常年值偏多或偏少的指标之一,能直观反映降水异常引起的干旱;在气象日常业务中多用于评估月、季、年发生的干旱事件。降水量距平百分率等级适合于半湿润、半干旱地区平均气温高于10℃的时段。

某时段降水量距平百分率(P_a)按式(1)计算:

$$P_a=\frac{P-\bar{P}}{\bar{P}}\times100\% \qquad\qquad\qquad (1)$$

式中:
P——某时段降水量,单位为毫米(mm);
$\bar{P}$——计算时段同期气候平均降水量,单位为毫米(mm)。

$$\bar{P}=\frac{1}{n}\sum_{i=1}^{n}P_i \qquad\qquad\qquad (2)$$

式中:
n为1~30年,$i=1,2,\cdots,n$。

3.2 相对湿润度指数(M)

3.2.1 相对湿润度指数气象干旱等级(见表2)

表2 相对湿润度气象干旱等级划分表

等 级	类 型	相对湿润度
1	无旱	$-0.40<M$
2	轻旱	$-0.65<M\leqslant-0.40$
3	中旱	$-0.80<M\leqslant-0.65$
4	重旱	$-0.95<M\leqslant-0.80$
5	特旱	$M\leqslant-0.95$

3.2.2 相对湿润度指数的计算方法

相对湿润度指数是表征某时段降水量与蒸发量之间平衡的指标之一。本等级标准反映作物生长季节的水分平衡特征,适用于作物生长季节旬以上尺度的干旱监测和评估。

相对湿润度指数的计算见式(3)：

$$M = \frac{P - PE}{PE} \quad\quad\quad\quad\quad\quad (3)$$

式中：
P——某时段的降水量，单位为毫米(mm)；
PE——某时段的可能蒸散量，单位为毫米(mm)，用FAO Penman-Monteith或Thornthwaite方法计算，见附录B。

3.3 标准化降水指数(SPI)

3.3.1 标准化降水指数的干旱等级划分(见表3)

表3 标准化降水指数干旱等级划分表

等级	类型	SPI值
1	无旱	$-0.5 < SPI$
2	轻旱	$-1.0 < SPI \leqslant -0.5$
3	中旱	$-1.5 < SPI \leqslant -1.0$
4	重旱	$-2.0 < SPI \leqslant -1.5$
5	特旱	$SPI \leqslant -2.0$

3.3.2 标准化降水指数的计算方法

标准化降水指数是表征某时段降水量出现的概率多少的指标之一，该指标适合于月以上尺度相对当地气候状况的干旱监测与评估。其具体计算原理和方法见附录C。

3.4 土壤相对湿度干旱指数(R)

3.4.1 土壤相对湿度干旱等级(见表4)

表4 土壤相对湿度干旱指数的干旱等级划分表

等级	类型	10 cm~20 cm深度土壤相对湿度	干旱影响程度
1	无旱	$60\% < R$	地表湿润或正常，无旱象
2	轻旱	$50\% < R \leqslant 60\%$	地表蒸发量较小，近地表空气干燥
3	中旱	$40\% < R \leqslant 50\%$	土壤表面干燥，地表植物叶片有萎蔫现象
4	重旱	$30\% < R \leqslant 40\%$	土壤出现较厚的干土层，地表植物萎蔫、叶片干枯，果实脱落
5	特旱	$R \leqslant 30\%$	基本无土壤蒸发，地表植物干枯、死亡

3.4.2 土壤相对湿度干旱指数计算方法

土壤相对湿度干旱指数是反映土壤含水量的指标之一，适合于某时刻土壤水分盈亏监测。本标准采用10 cm~20 cm深度的土壤相对湿度，适用范围为旱地农作区。由于不同土壤性质的土壤相对湿度存在一定差异，使用者可根据当地土壤性质，对等级划分范围作适当调整。

土壤相对湿度干旱指数的计算见式(4)：

$$R = \frac{w}{f_c} \times 100\% \quad\quad\quad\quad\quad\quad (4)$$

式中：
R——土壤相对湿度(%)；
w——土壤重量含水率(%)；
f_c——土壤田间持水量(%)。

3.5 帕默尔干旱指数（X）
3.5.1 帕默尔干旱指数等级（见表5）

表5 帕默尔干旱指数等级划分表

等级	类型	帕默尔指数旱度（X_i）
1	无旱	$-1.0 < X_i$
2	轻旱	$-2.0 < X_i \leqslant -1.0$
3	中旱	$-3.0 < X_i \leqslant -2.00$
4	重旱	$-4.0 < X_i \leqslant -3.0$
5	特旱	$X_i \leqslant -4.0$

3.5.2 帕默尔干旱指数计算方法

帕默尔干旱指数是表征在一段时间内，该地区实际水分供应持续地少于当地气候适宜水分供应的水分亏缺。该指标适合月尺度的水分盈亏监测和评估。其具体计算原理和方法见附录D。

4 综合气象干旱指数（CI）

4.1 综合气象干旱等级（见表6）

表6 综合气象干旱等级的划分表

等级	类型	CI值	干旱影响程度
1	无旱	$-0.6 < CI$	降水正常或较常年偏多，地表湿润，无旱象
2	轻旱	$-1.2 < CI \leqslant -0.6$	降水较常年偏少，地表空气干燥，土壤出现水分轻度不足
3	中旱	$-1.8 < CI \leqslant -1.2$	降水持续较常年偏少，土壤表面干燥，土壤出现水分不足，地表植物叶片白天有萎蔫现象
4	重旱	$-2.4 < CI \leqslant -1.8$	土壤出现水分持续严重不足，土壤出现较厚的干土层，植物萎蔫、叶片干枯、果实脱落；对农作物和生态环境造成较严重影响，工业生产、人畜饮水产生一定影响
5	特旱	$CI \leqslant -2.4$	土壤出现水分长时间严重不足，地表植物干枯、死亡；对农作物和生态环境造成严重影响，工业生产、人畜饮水产生较大影响

4.2 综合气象干旱指数的计算方法

综合气象干旱指数是利用近30天（相当月尺度）和近90天（相当季尺度）降水量标准化降水指数，以及近30天相对湿润度指数进行综合而得，该指标既反映短时间尺度（月）和长时间尺度（季）降水量气候异常情况，又反映短时间尺度（影响农作物）水分亏欠情况。该指标适合实时气象干旱监测和历史同期气象干旱评估。综合气象干旱指数（CI）的计算见式(5)：

$$CI = aZ_{30} + bZ_{90} + cM_{30} \quad \cdots\cdots\cdots\cdots\cdots\cdots (5)$$

式中：

Z_{30}、Z_{90}——分别为近30天和近90天标准化降水指数SPI，计算方法见附录C；

M_{30}——近30天相对湿润度指数，由式(3)得；

a——为近30天标准化降水系数，由达轻旱以上级别Z_{30}的平均值除以历史出现最小Z_{30}值，平均取0.4；

b——近90天标准化降水系数，由达轻旱以上级别Z_{90}的平均值除以历史出现最小Z_{90}值，平均取0.4；

c——近30天相对湿润系数，由达轻旱以上级别M_{30}的平均值除以历史出现最小M_{30}值，平均取0.8。

通过式(5)，利用前期平均气温、降水量可以滚动计算出每天综合气象干旱指数(CI)，进行干旱监测。

4.3 干旱过程的确定和评价

4.3.1 干旱过程的确定

当综合气象干旱指数 CI 连续10天为轻旱以上等级，则确定为发生一次干旱过程。干旱过程的开始日为第1天 CI 指数达到轻旱以上等级的日期。在干旱发生期，当综合气象干旱指数 CI 连续10天为无旱等级时干旱解除，同时干旱过程结束，结束日期为最后一次 CI 指数达到无旱等级的日期。干旱过程开始到结束期间的时间为干旱持续时间。

4.3.2 干旱过程强度

干旱过程内所有天的 CI 指数为轻旱以上的干旱等级之和，其值越小干旱过程越强。

4.3.3 某时段干旱评价

当评价某时段(月、季、年)是否发生干旱事件时，所评价时段内必须至少出现一次干旱过程，并且累计干旱持续时间超过所评价时段的1/4时，则认为该时段发生干旱事件，其干旱强度由时段内 CI 值为轻旱以上干旱等级之和确定。

4.4 气象干旱等级监测年报表(简表)

开展气象干旱监测、评估业务工作的单位，可按照附录A提供的气象干旱等级监测年表进行记录各旬发生干旱的强度等级，以及干旱后灾情信息和有关气候背景分析。

附　录　A
（资料性附录）
气象干旱监测年报表

站名：_____ 站号：_____ 所属省（市、区）_____　　　　　　　　　　　_____年____月

时　间		平均气温/℃	降水量/mm	0～10 cm 土壤相对湿度/%	0～20 cm 土壤相对湿度/%	气象干旱指数					其他干旱指数
						P_a	SPI	M	R	CI	
1月	上旬										
	中旬										
	下旬										
2月	上旬										
	中旬										
	下旬										
3月	上旬										
	中旬										
	下旬										
4月	上旬										
	中旬										
	下旬										
5月	上旬										
	中旬										
	下旬										
6月	上旬										
	中旬										
	下旬										
7月	上旬										
	中旬										
	下旬										
8月	上旬										
	中旬										
	下旬										
9月	上旬										
	中旬										
	下旬										
10月	上旬										
	中旬										
	下旬										

续表

站名：_____ 站号：_____ 所属省(市、区)_____   ____年____月

时间		平均气温/℃	降水量/mm	0～10 cm 土壤相对湿度/%	0～20 cm 土壤相对湿度/%	气象干旱指数					其他干旱指数
						P_a	SPI	M	R	CI	
11月	上旬										
	中旬										
	下旬										
12月	上旬										
	中旬										
	下旬										
备注		4级以上重、特旱时段； 重大干旱过程灾情记录和气候背景简析：									

地理环境：_____°E(经度)，_____°N(纬度)，_____m(海拔高度)

注：10 cm 和 20 cm 土壤湿度为每旬第 8 日观测值。

附 录 B
（规范性附录）
可能蒸散量的计算方法

B.1 可能蒸散量的计算

本标准推荐两种方法计算可能蒸散量，即 Thornthwaite 方法和 FAO Penman-Monteith 方法。PAO Penman-Monteith 方法计算误差小，但需要的气象要素多，Thornthwaite 方法计算相对简单，需要的气象要素少。使用者请根据资料条件选择合适的可能蒸散量的计算方法。

B.2 Thornthwaite 方法

Thornthwaite 方法是求算可能蒸散量的经验公式。该方法的主要特点是以月平均温度为主要依据，并考虑纬度因子（日照长度）建立的经验公式，需要输入的因子少，计算方法简单，见式(B.1)：

$$PE_m = 16.0 \times \left(\frac{10T_i}{H}\right)^A \quad\quad\quad\quad (B.1)$$

式中：

PE_m——可能蒸散量，是指月可能蒸散量，单位为毫米每月(mm/月)；
T_i——月平均气温，单位为摄氏度(℃)；
H——年热量指数；
A——常数。

各月热量指数 H_i 由式(B.2)计算：

$$H_i = \left(\frac{T_i}{5}\right)^{1.514} \quad\quad\quad\quad (B.2)$$

年热量指数 H 由式(B.3)计算：

$$H = \sum_{i=1}^{12} H_i = \sum_{i=1}^{12}\left(\frac{T_i}{5}\right)^{1.514} \quad\quad\quad\quad (B.3)$$

常数 A 由式(B.4)计算：

$$A = 6.75 \times 10^{-7} H^3 - 7.71 \times 10^{-5} H^2 + 1.792 \times 10^{-2} H + 0.49 \quad\quad\quad\quad (B.4)$$

当月平均气温 $T_i \leqslant 0℃$ 时，月热量指数 $H_i=0$，月可能蒸散量 $PE_m=0$(mm/月)。

B.3 FAO Penman-Monteith 方法

FAO Penman-Monteith 方法是计算可能蒸散量的最新方法。这里，定义可能蒸散量为一种假想参照作物冠层的蒸散速率，假设作物植株高度为 0.12 m，固定的作物表面阻力为 70 m/s，反射率为 0.23，非常类似于表面开阔、高度一致、生长旺盛、完全遮盖地面而水分充分适宜的绿色草地的蒸散量。FAO Penman-Monteith 修正公式表达如式(B.5)：

$$PE = \frac{0.408\Delta(R_n - G) + \gamma \dfrac{900}{T_{mean}+273} u_2(e_s - e_a)}{\Delta + \gamma(1 + 0.34 u_2)} \quad\quad\quad\quad (B.5)$$

式中：

PE——可能蒸散量，单位为毫米每天($mm \cdot d^{-1}$)；
R_n——地表净辐射，单位为兆焦每米每天($MJ \cdot m^{-1} \cdot d^{-1}$)；
G——土壤热通量，单位为兆焦每平方米每天($MJ \cdot m^{-2} \cdot d^{-1}$)；
T_{mean}——日平均气温，单位为摄氏度(℃)；

u_2——2 米高处风速,单位为米每秒(m/s);

e_s——饱和水气压,单位为千帕(kPa);

e_a——实际水气压,单位为千帕(kPa);

Δ——饱和水气压曲线斜率,单位为千帕每摄氏度(kPa·℃$^{-1}$);

γ——干湿表常数,单位为千帕每摄氏度(kPa·℃$^{-1}$)。

B.3.1 FAO Penman-Monteith 公式各分量的计算方法和计算步骤

B.3.1.1 日平均气温(T_{mean})

由于 FAO Penman-Monteith 公式中湿度资料的非线性分布,某时段水气压以此时段的日最高气温、日最低气温计算得来。月、季、年的日最高气温、日最低气温为月、季、年日最高气温、日最低气温的总和除以月、季、年的总日数得到。FAO Penman-Monteith 公式中用到的日平均气温(T_{mean}),建议由日最高气温(T_{max})和日最低气温(T_{min})的平均值计算得到,见式(B.6),而不是当日 24 h 逐时(或一日 4 次、8 次)观测气温的平均值。

$$T_{mean}=\frac{T_{max}+T_{min}}{2} \quad\quad\quad\quad (B.6)$$

B.3.1.2 实际水气压(e_a)

实际水气压 e_a 就是露点温度 T_{dew}[℃]下的饱和水气压,单位为千帕(kPa)。实际水气压计算见式(B.7):

$$e_a=e(T_{dew})=0.610\ 8\times\exp\left[\frac{17.27T_{dew}}{T_{dew}+237.3}\right] \quad\quad\quad\quad (B.7)$$

B.3.1.3 饱和水气压(e_s)

饱和水气压与气温相关,计算如式(B.8):

$$e_s=e(T)=0.610\ 8\times\exp\left[\frac{17.27T}{T+237.3}\right] \quad\quad\quad\quad (B.8)$$

式中:

$e(T)$——气温为 T 时的饱和水气压,单位为千帕(kPa);

T——空气温度,单位为摄氏度(℃)。

由于式(B.8)的非线性,日、旬、月等时间段的平均饱和水气压应当以那个时段的日最高气温、日最低气温计算出来的饱和水气压的平均值来计算,见式(B.9):

$$e_s=\frac{e(T_{max})+e(T_{min})}{2} \quad\quad\quad\quad (B.9)$$

如果用平均气温代替日最高气温和日最低气温会造成偏低估计饱和水气压 e_s 的值,相应的饱和水气压与实际水气压的差减少,因此最终的可能蒸散量的计算结果也会减少。

B.3.1.4 饱和水气压曲线斜线(Δ)

饱和水气压与温度的斜率 Δ 计算如式(B.10):

$$\Delta=\frac{4\ 098\times\left[0.610\ 8\times\exp\left(\frac{17.27T}{T+237.3}\right)\right]}{(T+237.3)^2} \quad\quad\quad\quad (B.10)$$

式中:

Δ——在气温为 T 时的饱和水气压斜率,单位为千帕每摄氏度(kPa·℃$^{-1}$);

T——空气气温,单位为摄氏度(℃)。

B.3.1.5 净辐射(R_n)

净辐射 R_n 是收入的净短波辐射 R_{ns} 和支出的净长波辐射 R_{nl} 之差[见式(B.11)]:

$$R_n=R_{ns}-R_{nl} \quad\quad\quad\quad (B.11)$$

B.3.1.6 太阳净辐射或短波净辐射(R_{ns})

地表短波净辐射由接收和反射的太阳辐射的平衡来计算[见式(B.12)]:

$$R_{ns}=(1-\alpha)R_s \quad\quad\quad\quad\quad\quad (B.12)$$

式中：

R_{ns}——太阳净辐射或短波净辐射，单位为兆焦每平方米每天（MJ·m^{-2}·d^{-1}）；

α——反照率，此处取绿色草地参考作物的反照率0.23；

R_s——接收的太阳辐射，单位为兆焦每平方米每天（MJ·m^{-2}·d^{-1}）。

B.3.1.7 长波净辐射（R_{nl}）

长波辐射与地表绝对温度的4次幂成比例关系。这种关系可以由斯蒂芬-波尔兹曼定律（Stefan-Boltzmann law）定量表示。然而，由于天空的吸收有向下辐射，地表的净能量通量要少于用斯蒂芬-波尔兹曼定律计算出来的值。水气、云、二氧化碳和尘埃都吸收和释放长波辐射，在估算净支出辐射通量时应当知道它们的浓度。由于湿度和云量的影响大，所以在使用斯蒂芬-波尔兹曼定律时估算长波辐射净支出通量时，用这两个因子进行修正，并假设其他的吸收体的浓度为常数，R_{nl}的计算见式(B.13)：

$$R_{nl}=\sigma\left[\frac{T_{max,K}^4+T_{min,K}^4}{2}\right](0.34-0.14\sqrt{e_a})\left(1.35\frac{R_s}{R_{so}}-0.35\right) \quad\quad (B.13)$$

式中：

R_{nl}——长波辐射净支出，单位为兆焦每平方米每天（MJ·m^{-2}·d^{-1}）；

σ——斯蒂芬-波尔兹曼常数，数值为4.903×10^{-9}（MJ·K^{-4}·m^{-2}·d^{-1}）；

$T_{max,K}$——一天（24 h）中最高绝对温度，单位为开尔文（K）；

$T_{min,K}$——一天（24 h）中最低绝对温度，单位为开尔文（K）；

e_a——实际水气压，单位为千帕（kPa）；

R_s/R_{so}——相对短波辐射（≤1.0）；

R_s——太阳辐射，单位为兆焦每平方米每天（MJ·m^{-2}·d^{-1}）；

R_{so}——晴空辐射，单位为兆焦每平方米每天（MJ·m^{-2}·d^{-1}）；

$(0.34-0.14\sqrt{e_a})$——空气湿度的修正项，如果空气湿度增加，它的值将变小。云的影响表示为$(1.35\frac{R_s}{R_{so}}-0.35)$，如果云量增加，$R_s$将减少，值也相应减少。这两个修正项的值越小，长波辐射净通量也越小。

B.3.1.8 太阳辐射（R_s）

太阳辐射R_s可以观测得到，也可以由太阳辐射与地球外辐射和相对日照的关系式(B.14)来求得：

$$R_s=\left(a_s+b_s\frac{n}{N}\right)R_a \quad\quad\quad\quad\quad\quad (B.14)$$

式中：

R_s——太阳辐射或短波辐射，单位为兆焦每平方米每天（MJ·m^{-2}·d^{-1}）；

n——实际日照时数，单位为小时（h）；

N——最大可能日照时数，单位为小时（h）；

n/N——相对日照；

R_a——地球外辐射，单位为兆焦每平方米每天（MJ·m^{-2}·d^{-1}）；

a_s——回归常数，在阴天（$n=0$）时，表示到达地球表面的地球外辐射的透过系数；

b_s——回归系数。

在晴天（$n=N$）时，a_s+b_s表示到达地球表面的地球外辐射透过率。

式(B.14)中R_a的单位为兆焦每平方米每天（MJ·m^{-2}·d^{-1}），在FAO Penman-Monteith式(B.5)中，乘以0.408转化成以单位为毫米每天（mm·d^{-1}）等量的蒸发量。a_s和b_s随大气状况（湿度、尘埃）和太阳磁偏角（纬度和月份）而变化。当没有实际的太阳辐射资料和经验参数可以利用时，推荐使用$a_s=0.25, b_s=0.50$。

B.3.1.9 晴空太阳辐射（R_{so}）

计算晴空太阳辐射 R_{so}，即 $n=N$ 时的太阳辐射，需要计算长波净辐射。

在接近海平面或者 a_s 和 b_s 有经验参数可以利用时，长波净辐射由式(B.15)计算：

$$R_{so}=(a_s+b_s)R_a \quad\quad\quad (B.15)$$

在没有经验的 a_s 和 b_s 值可以利用时，以式(B.16)计算晴空太阳辐射：

$$R_{so}=(0.75+2\times10^{-5}z)R_a \quad\quad\quad (B.16)$$

式中：

z——为站点海拔高度，单位为米(m)。

B.3.1.10 日地球外辐射（R_a）

一年中每日的地球外辐射 R_a 可以由太阳常数、太阳磁偏角和这一天在一年中位置来估计由式(B.17)计算：

$$R_a=\frac{24(60)}{\pi}G_{sc}d_r[\omega_s\sin(\varphi)\sin(\delta)+\cos(\varphi)\cos(\delta)\sin(\omega_s)] \quad\quad\quad (B.17)$$

式中：

R_a——地球外辐射，单位为兆焦每平方米每天(MJ·m^{-2}·d^{-1})；

G_{sc}——太阳常数为 0.082 0，单位为兆焦每平方米每分(MJ·m^{-2}·min^{-1})；

d_r——日地平均距离，由式(B.18)计算；

ω_s——日出时角，单位为弧度(rad)，由式(B.20)计算；

φ——纬度，单位为弧度(rad)；

δ——太阳磁偏角，单位为弧度(rad)，由式(B.19)计算。

$$d_r=1+0.033\cos(\frac{2\pi}{365}J) \quad\quad\quad (B.18)$$

$$\delta=0.408\sin(\frac{2\pi}{365}J-1.39) \quad\quad\quad (B.19)$$

式中：

J——日序，取值范围为 1 到 365 或 366，1月1日取日序为 1。

$$\omega_s=\arccos[-\tan(\varphi)\tan(\delta)] \quad\quad\quad (B.20)$$

如果在所使用的计算机语言中没有反余弦函数，日出时角 ω_s 也可以用反正切函数计算，见式(B.21)：

$$\omega_s=\frac{\pi}{2}-\arctan[\frac{-\tan(\varphi)\tan(\delta)}{X^{0.5}}] \quad\quad\quad (B.21)$$

式中：

$$X=1-\tan^2(\varphi)\tan^2(\delta) \quad\quad\quad (B.22)$$

B.3.1.11 可日照时数（N）

可日照时数由式(B.23)计算：

$$N=\frac{24}{\pi}\omega_s \quad\quad\quad (B.23)$$

式中：

ω_s 为方程(B.20)或(B.21)计算的日出时角。

B.3.1.12 土壤热通量（G）

运用复杂模式可以计算土壤热通量。相对于净辐射 R_n 来说，土壤热通量 G 是很小的量，特别是当地表被植被覆盖、计算时间尺度是 24 h 或更长时。当计算较长的时间尺度时，下面的简化公式式(B.24)可以用来计算土壤热通量：

$$G=c_s\frac{T_i-T_{i-1}}{\Delta t}\Delta z \quad\quad\quad (B.24)$$

式中：
G——土壤热通量，单位为兆焦每平方米每天（MJ·m^{-2}·d^{-1}）；
c_s——土壤热容量，单位为兆焦每立方米每度（MJ·m^{-3}·℃$^{-1}$）；
T_i——时刻i时的空气温度，单位为摄氏度（℃）；
T_{i-1}——时刻（$i-1$）时的空气温度，单位为摄氏度（℃）；
Δ_t——时间步长，单位为天（d）；
Δ_z——有效土壤深度，单位为米（m）。

因为土壤温度比空气温度滞后，所以估算日土壤热通量时可以用一定时间段的平均温度，Δt应当超过一天。在一至几天的时间段内，一个时间步长里有效土壤深度Δz只有0.10 m～0.2 m。但在更长的时间段例如月尺度，一个时间步长里有效土壤深度Δz应为2 m。土壤热容量与土壤组成成分和水分含量有关。

一天至十天的时间尺度：

在这个时间尺度里，参考草地的土壤热容量相当小，可以忽略不计，见式（B.25）：

$$G_{day} \approx 0 \quad\quad\quad\quad\quad (B.25)$$

月时间尺度：

对于月时间尺度的资料，假设在适当的土壤深度、土壤热容量为常数2.1 MJ·m^{-3}·℃$^{-1}$时，由式（B.24）可以得到估算月土壤热通量的简化公式（B.26）：

$$G = c_s \frac{T_i - T_{i-1}}{\Delta t} \Delta z = \frac{c_s \Delta z}{\Delta t}(T_{month,i} - T_{month,i-1}) = 0.14(T_{month,i} - T_{month,i-1}) \quad\quad (B.26)$$

式中：
$T_{month,i}$——第i月时的平均气温，单位为摄氏度（℃）；
$T_{month,i-1}$——上月平均气温，单位为摄氏度（℃）；

B.3.1.13 风速（u）

在计算可能蒸散时，需要2 m高处测量的风速。其他高度观测到的风速可以根据式（B.27）进行修正：

$$u_2 = u_z \frac{4.87}{\ln(67.8z - 5.42)} \quad\quad\quad\quad\quad (B.27)$$

式中：
u_2——2 m高处的风速，单位为米每秒（m·s^{-1}）；
u_z——zm高处测量的风速，单位为米每秒（m·s^{-1}）；
z——风速计仪器安放的离地面高度，单位为米（m）。

B.3.1.14 干湿表常数（γ）

干湿表常数γ由式（B.28）计算得到：

$$\gamma = \frac{c_p P}{\varepsilon \lambda} = 0.665 \times 10^{-3} P \quad\quad\quad\quad\quad (B.28)$$

$$p = 101.3 \times \left(\frac{293 - 0.0065z}{293}\right)^{5.26} \quad\quad\quad\quad\quad (B.29)$$

式中：
γ——干湿表常数，单位为千帕每摄氏度（kPa·℃$^{-1}$）；
λ——蒸发潜热，2.45兆焦每千克（MJ·kg^{-1}）；
c_p——空气定压比热，1.013×10^{-3}兆焦每千克每摄氏度（MJ·kg^{-1}·℃$^{-1}$）；
ε——水与空气的分子量之比，取0.622；
z——当地的海拔高度，单位为米（m）；
p——大气压，单位为千帕（kPa）；无观测值时，可由式（B.29）计算。

附 录 C
（规范性附录）
标准化降水指数的计算方法

由于降水量分布一般不是正态分布，而是一种偏态分布。所以在进行降水分析和干旱监测、评估中，采用Γ分布概率来描述降水量的变化。标准化降水指标(简称SPI)就是在计算出某时段内降水量的Γ分布概率后，再进行正态标准化处理，最终用标准化降水累积频率分布来划分干旱等级。

标准化降水指数(简称SPI)的计算步骤为：

1) 假设某时段降水量为随机变量 x，则其Γ分布的概率密度函数如式(C.1)：

$$f(x)=\frac{1}{\beta^\gamma \Gamma(x)}x^{\gamma-1}e^{-x/\beta} \quad x>0 \quad\quad\quad\quad\quad (C.1)$$

式中：

$\beta>0$，$\gamma>0$ 分别为尺度和形状参数，β 和 γ 可用极大似然估计方法求得，见式(C.2)和式(C.3)：

$$\hat{\gamma}=\frac{1+\sqrt{1+4A/3}}{4A} \quad\quad\quad\quad\quad (C.2)$$

$$\hat{\beta}=\bar{x}/\hat{\gamma} \quad\quad\quad\quad\quad (C.3)$$

式中：

$$A=\lg\bar{x}-\frac{1}{n}\sum_{i=1}^{n}\lg x_i \quad\quad\quad\quad\quad (C.4)$$

式中：

x_i——为降水量资料样本；

$\bar{x}$——为降水量气候平均值。

确定概率密度函数中的参数后，对于某一年的降水量 x_0，可求出随机变量 x 小于 x_0 事件的概率为：

$$F(x<x_0)=\int_0^\infty f(x)\mathrm{d}x \quad\quad\quad\quad\quad (C.5)$$

利用数值积分可以计算用(C.1)式代入(C.5)式后的事件概率近似估计值。

2) 降水量为0时的事件概率由式(C.6)估计：

$$F(x=0)=m/n \quad\quad\quad\quad\quad (C.6)$$

式中：

m——降水量为0的样本数；

n——总样本数。

3) 对Γ分布概率进行正态标准化处理，即将式(C.5)、式(C.6)求得的概率值代入标准化正态分布函数，即：

$$F(x<x_0)=\frac{1}{\sqrt{2\pi}}\int_0^\infty e^{-z^2/2}\mathrm{d}x \quad\quad\quad\quad\quad (C.7)$$

对式(C.7)进行近似求解可得：

$$Z=S\frac{t-(c_2t+c_1)t+c_0}{((d_3t+d_2)t+d_1)t+1.0} \quad\quad\quad\quad\quad (C.8)$$

式中：$t=\sqrt{\ln\frac{1}{F^2}}$，$F$ 为式(C.5)或式(C.6)求得的概率；并当 $F>0.5$ 时，$S=1$，当 $F\leqslant 0.5$ 时，$S=-1$。

$c_0=2.515\ 517$；

$c_1 = 0.802\,853$；
$c_2 = 0.010\,328$；
$d_1 = 1.432\,788$；
$d_2 = 0.189\,269$；
$d_3 = 0.001\,308$。

由式(C.8)求得的 Z 值就是此标准化降水指数 SPI。

附 录 D
（规范性附录）
帕默尔干旱指数的计算方法

D.1 帕默尔干旱指数原理

PDSI(The Palmer Drought Severity Index)是表征在一段时间内，该地区实际水分供应持续地少于当地气候适宜水分供应的水分亏缺。基本原理是土壤水分平衡原理。该指数是基于月值资料来设计的，指数经标准化处理，指数值一般在−6(干)和+6(湿)之间变化，可以对不同地区、不同时间的土壤水分状况进行比较。PDSI在计算水分收支平衡时，考虑了前期降水量和水分供需，物理意义明晰。

D.2 帕默尔干旱度指数计算方法

D.2.1 水分异常指数 Z 的计算

水分供应达到气候适应的水平衡方程表示如式(D.1)：

$$\hat{P} = \hat{ET} + \hat{R} + \hat{RO} - \hat{L} \tag{D.1}$$

式中：

$\hat{P}$——气候适宜降水量，单位为毫米(mm)；

$\hat{ET}$——气候适宜蒸散量，单位为毫米(mm)；

$\hat{R}$——气候适宜补水量，单位为毫米(mm)；

$\hat{L}$——气候适宜失水量，单位为毫米(mm)；

$\hat{RO}$——气候适宜径流量，单位为毫米(mm)。

上述气候适宜值分别由式(D.2)～式(D.5)计算：

$$\hat{ET} = \alpha \cdot PE \tag{D.2}$$

$$\hat{R} = \beta \cdot PR \tag{D.3}$$

$$\hat{RO} = \gamma \cdot PRO \tag{D.4}$$

$$\hat{L} = \delta \cdot PL \tag{D.5}$$

式中：

PE——可能蒸散量，由 FAO Penman-Monteith 或 Thornthwaite 方法计算，计算方法见附录 B；

PR——土壤可能水分供给量，由式(D.6)计算：

$$PR = AWC - (S_s + S_u) \tag{D.6}$$

PRO——可能径流，由式(D.7)计算：

$$PRO = AWC - PR = S_s + S_u \tag{D.7}$$

PL——土壤可能水分损失量，由式(D.8)计算：

$$PL = PL_s + PL_u \tag{D.8}$$

$$PL_s = \min(PE, S_s); \text{即：} PE \text{ 和 } S_s \text{ 两者选小的} \tag{D.9}$$

$$PL_u = (PE - PL_s)S_u/AWC \tag{D.10}$$

上面式(D.6)～式(D.10)中：

AWC——整层土壤田间有效持水量，单位为毫米(mm)；

S_s——初始上层土壤有效含水量,单位为毫米(mm);

S_u——初始下层土壤有效含水量,单位为毫米(mm);

α、β、γ、δ分别为蒸散系数、土壤水供给系数、径流系数和土壤损失系数,每站每月分别有四个相应的常系数值,计算如式(D.11)~式(D.14):

$$\alpha = \frac{(\overline{ET})}{(\overline{PE})} \quad \cdots\cdots (D.11)$$

$$\beta = \frac{(\overline{R})}{(\overline{PR})} \quad \cdots\cdots (D.12)$$

$$\gamma = \frac{(\overline{RO})}{(\overline{PRO})} \quad \cdots\cdots (D.13)$$

$$\delta = \frac{(\overline{L})}{(\overline{PL})} \quad \cdots\cdots (D.14)$$

各量上面的横线代表其多年平均值。帕默尔假定土壤为上下两层模式,除非上层土壤中的水分全部丧失,下层土壤才开始失去水分,而且下层土壤的水分不可能全部失去。在计算蒸散量、径流量、土壤水分交换量的可能值与实际值时,需要遵循一系列的规则和假定。另外,土壤有效持水量AWC(available water holding capacity)也作为初始输入量。在计算PDSI过程中,实际值与正常值相比的水分距平d表示为实际降水量P与气候适宜下降水量($\hat{P}$)的差,见式(D.15):

$$d = P - \hat{P} \quad \cdots\cdots (D.15)$$

由于PDSI试图成为一个标准化的指数,因此水分距平d求出后,又将其与指定地点给定月份的气候权重系数K相乘,得出水分异常指数Z,也称帕默尔Z指数,表示给定地点给定月份,实际气候干湿状况与其多年平均水分状态的偏离程度计算见式(D.16)。

$$Z = dK \quad \cdots\cdots (D.16)$$

$$K = \frac{\overline{ET} + \overline{R}}{\overline{P} + \overline{L}} \quad \cdots\cdots (D.17)$$

D.2.2 气候特征系数K的修正

式(D.16)中的气候特征系数K,根据中国气候特点进行修正得式(D.18)和式(D.19):

$$K_i = \left[\frac{16.84}{\sum_{j=1}^{12} \overline{D}_j K'_j}\right] K'_i \quad \cdots\cdots (D.18)$$

$$K'_i = 1.6 \cdot \log_{10}\left[\frac{\overline{PE}_i + \overline{R}_i + \overline{RO}_i}{\overline{P}_i + \overline{L}_i} + 2.8\right] + 0.4 \quad \cdots\cdots (D.19)$$

式中:

$\sum_{j=1}^{12} \overline{D}_j K'_j$——多年平均年绝对水分异常;

K_i——气候特征系数或权重因子;

K'_i——气候特征系数的第二近似值;

$\overline{D}$——d的绝对值平均。

D.2.3 建立修正帕默尔干旱指数计算公式

根据帕默尔旱度模式的思路,利用我国气象站资料对帕默尔旱度模式,进行修正得式(D.20):

$$X_i = Z_i/1.63 + 0.755 X_{i-1} \quad \cdots\cdots (D.20)$$

式中:

X_i——当月PDSI干旱指数;

Z_i——当月水分异常指数;

X_{i-1}——前一个月的PDSI干旱指数。

ICS 07.060
A 47

中华人民共和国国家标准

GB/T 20482—2006

牧 区 雪 灾 等 级

Grade of pastoral area snow disaster

2006-08-28 发布　　　　　　　　　　　　　　　　2006-11-01 实施

中华人民共和国国家质量监督检验检疫总局
中国国家标准化管理委员会　发布

前言

本标准的附录A为资料性附录。

本标准由中国气象局提出。

本标准由中国气象局政策法规司归口。

本标准起草单位青海省气象局。

本标准主要起草人:李海红、李锡福、张海珍、肖宏斌。

引 言

中国是世界上畜牧业资源最丰富的国家之一,草地面积占国土总面积的40%左右,约60亿公顷,草场可利用率为68.4%。中国牧区主要分布在内蒙古、青海、新疆、西藏、甘肃、四川、宁夏、黑龙江、云南和陕西等省(自治区)。雪灾是牧区冬春季的主要气象灾害之一。由于雪灾持续时间长,影响范围广,经常给当地农牧民的生命财产造成严重危害,直接威胁和制约了牧区畜牧业生产的发展。制定牧区雪灾标准,气象条件是最重要、最根本的因子。此外,雪灾与牧草丰歉、牲畜状况、草场类型、草场载畜状况以及承受灾害的能力有关。目前,要对幅员辽阔的广大牧区发生的雪灾灾情迅速做出评估,除气象因子外,其他致灾因子还难以及时、准确地获取。

本标准依据积雪掩埋牧草程度、积雪持续时间和受灾面积比三项指标,来制定牧区雪灾发生的等级,将灾情等级分为轻灾、中灾、重灾和特大灾四级。

牧区雪灾等级

1 范围

本标准规定了中国牧区发生的雪灾的定义和等级。

本标准适用于中国牧区雪灾的调查、统计、评估和发布。

2 术语和定义

本标准采用下列定义。

2.1

牧区雪灾 snow disaster of pastoral

由于积雪过厚、维持时间长,掩埋牧草,使牲畜无法正常采食,导致牧区大量牲畜掉膘和死亡的自然灾害。

2.2

积雪深度 depth of perpetual snow

从积雪表面到地面的垂直深度。单位为厘米(cm)。

2.3

草群平均高度 average height of graze

草地建群种或主要优势种牧草的平均自然高度,即地面距草层顶部的自然垂直高度。单位为厘米(cm)。

2.4

积雪持续日数 continuous days of perpetual snow

地面积雪稳定维持的连续日数。单位为天(d)。

2.5

积雪面积 area of perpetual snow

积雪覆盖草地的面积。单位为公顷(hm^2)。

2.6

积雪掩埋牧草程度 degree of buried graze by snow

积雪深度与草群平均高度之比。

2.7

积雪面积比 rate of perpetual snow

某地积雪面积与实际草地面积之比。单位为%。

3 牧区雪灾等级

依据积雪掩埋牧草程度、积雪持续日数和积雪面积比三项要素,来确定牧区雪灾等级指标。将灾情等级分为轻灾、中灾、重灾和特大灾四级(见表1)。附录A为受灾情况。

表 1 牧区雪灾等级表

雪灾等级	积雪状态		
	积雪掩埋牧草程度	积雪持续日数/d	积雪面积比
轻灾	0.30～0.40	≥10	S≥20%
	0.41～0.50	≥7	
中灾	0.41～0.50	≥10	S≥20%
	0.51～0.70	≥7	
重灾	0.51～0.70	≥10	S≥40%
	0.71～0.90	≥7	
特大灾	0.71～0.90	≥10	S≥60%
	>0.90	≥7	

4 雪深测量方法

雪深的观测地段,应选择在平坦、开阔的地方。测定雪深用普通米尺,应选择有代表性的地点和比较平坦的雪面进行测量。

观测雪深当天08时在观测地点将米尺垂直插入雪中到地表为止,读取雪深的厘米整数,小数四舍五入。每次观测须作3次测量,并求其平均值。

附 录 A
（资料性附录）
受 灾 情 况

A.1 轻灾

影响牛的采食，对羊的影响尚小，而对马则无影响，牧畜死亡在5万头（只）以下。

A.2 中灾

影响牛、羊的采食，对马的影响尚小，牲畜死亡在5万头（只）～10万头（只）之间。

A.3 重灾

影响各类牲畜的采食，牛、羊损失较大，出现死亡，牲畜死亡在10万头（只）～20万头（只）之间。

A.4 特大灾

影响各类牲畜的采食，如果御防不当将造成大批牲畜死亡，牲畜死亡在20万头（只）以上。

ICS 07.060
A 47

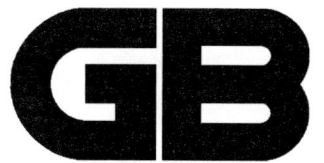

中华人民共和国国家标准

GB/T 20483—2006

土地荒漠化监测方法

Land desertification monitoring method

2006-08-28 发布　　　　　　　　　　　　　　　　2006-11-01 实施

中华人民共和国国家质量监督检验检疫总局
中国国家标准化管理委员会　发布

GB/T 20483-2006

前 言

本标准附录 A 为规范性附录,附录 B 为资料性附录。
本标准由中国气象局提出。
本标准由中国气象局政策法规司归口。
本标准起草单位:吉林省气象科学研究所。
本标准主要起草人:支克广、廉毅、孙力、任红玲、涂钢、王琪、吴锋。

引 言

根据1994年通过的《联合国防治荒漠化公约》的定义，荒漠化是指包括气候变异和人类活动诸因素造成的干旱、半干旱和亚湿润干旱地区的土地退化。为了使我国境内土地荒漠化的评价工作和相关研究具有合理的、统一的基础资料，制定本标准。本标准明确了荒漠化各主要因子的监测季节、监测适用装备和应使用的技术方法。同时提出了确定荒漠化斑块边界时应选择的方法及技术要求。

荒漠化的发展与气候变化、人类活动，尤其是干旱，有密不可分的联系，因此，本标准提出了测算各地区气候变化情况、水分平衡程度、地下水位变化和记载人类活动应采用的资料和方法。

土地的退化，主要表现为植被破坏，生产潜力下降。生物量的减少是荒漠化最明显的结果。本标准提出了监测生物量的各种方法和在评估土地风蚀风积、盐化碱化、水分亏缺和水土流失等的严重程度时，应使用的技术方法。土地荒漠化还会引起周围气象环境的恶化，如扬沙、沙尘暴增多，本标准也提出了对这些现象的监测和统计方法。

土地荒漠化监测方法

1 范围

本标准规定了在中华人民共和国境内需要长期进行荒漠化状况监测的地区和每年实施监测工作的时间。同时,规定了监测土地荒漠化发展程度、形成原因和发展趋势应采用的技术方法和确定荒漠化斑块边界应使用的技术方法。

本标准适用于需要开展荒漠化监测工作的地区和部门。

本标准不适用于荒漠地区。本标准不包括数据库建库和成图方法。

2 规范性引用文件

下列文件中的条款通过本标准的引用而成为本标准的条款。凡是注日期的引用文件,其随后所有的修改单(不包括勘误的内容)或修订版均不适用于本标准,然而,鼓励根据本标准达成协议的各方研究是否可使用这些文件的最新版本。凡是不注日期的引用文件,其最新版本适用于本标准。

GB 19377 天然草地退化、沙化、盐渍化的分级指标
LY/T 1299 森林土壤水解性氮的测定
LY/T 1233 森林土壤有效磷的测定
LY/T 1236 森林土壤速效钾的测定
NY/T 53 土壤全氮测定法
NY/T 85 土壤有机质测定法
NY/T 88 土壤全磷测定法
NY/T 89 土壤全钾测定法
SL/T 183 地下水监测规范
地面气象观测规范

3 术语和定义

下列术语和定义适用于本标准。

3.1
荒漠 desert

气候干旱,降雨稀少(年降水量小于 60 mm 或湿润度小于 0.05)、多变,植被稀疏低矮,土地贫瘠的自然地带。荒漠按地表物质可分成岩漠、砾漠、沙漠、泥漠和盐漠等。

3.2
荒漠化 desertification

由于气候变化和人类活动等因素所造成的干旱、半干旱和亚湿润干旱地区的土地退化。

3.3
土地 land

具有陆地生物生产力的系统,由土壤、植被、其他生物区系和在该系统中发挥作用的生态及水文过程组成。

3.4
土地退化 land degradation

单位面积土地生物生产力(或经济生产力)和多样性降低或丧失。其中包括:风蚀和水蚀致使土壤物质流失;土壤的物理、化学和生物特性或经济特性退化;自然植被长期丧失等。

3.5
干旱、半干旱和亚湿润干旱地区 arid, semiarid and dry sub-humid area

湿润指数于 0.05～0.65 之间的地区为干旱、半干旱和亚湿润干旱地区。

注：本标准以湿润指数作为划分地区干燥程度的指标。湿润指数是指年降水量与蒸发力之比。当其小于 0.05 为极干旱区；0.05～0.20 为干旱区；0.20～0.50 为半干旱区；0.50～0.65 为亚湿润干旱区；大于 0.65 为湿润区。

3.6
生物生产力 biological productivity

单位面积土地的生物在整个生育过程中累积的有机物质总量。包括根、茎、叶、花、果的干重和所载动物。

3.7
景观 landscape

具有单一地质基础，成因相同，能代表同一生态特征的一个自然区域综合体。尺度一般在几千米至几十千米。

3.8
样区 sample region

在一景观区内，选作长期固定观测的地段。面积一般为 $0.1\ km^2 \sim 10\ km^2$。

3.9
测点 measurement point

在样区中按指定规律或按随机方法选出进行测量的地点，或根据实际情况在样区外选择的流动的测量地点。

3.10
样方 sample area

在测点进行某些操作（如测量植物干重、植被覆盖率等）所选择的采样区。测量草地时，样方取 $1\ m^2 \sim 4\ m^2$；测量灌木或灌丛，样方取 $10\ m^2 \sim 20\ m^2$；测量森林，样方取 $500\ m^2$。

4 总则

4.1 监测样区和测点的选择

4.1.1 原则

对于近 30 年（一般以 1971 年～2000 年为基准）湿润指数＜0.65 的地区及其他有荒漠化倾向的地区，应进行土地荒漠化监测。各县级行政区根据景观类型设置样区，每个景观类型设 1～3 个样区。样区规划应经省级主管部门审查批准。选择样区主要考虑对景观区生态特征的代表性，包括地形、地质、植被、土壤，也要考虑交通等条件，便于实施监测工作。

4.1.2 样区的选取

样区设置以全国第二次土壤普查编绘的 1∶500 000 土壤图及近期编绘的中国荒漠化图为基础。以 5 km 间距划分网格，按网格、行政区、气候区和土壤区兼顾的原则，用卫星影像或航测图片引导，参考交通情况，建立样区。

4.1.3 测点的定位

在样区内根据实际自然条件，按梅花形、对角线形、蛇形、棋盘形等排列，选出 3～20 个测点。测点中样方的面积视植被情况和测量项目而异。

在样区外选择测点时也应重点考虑对其附近景观特征的代表性。

样区和测点确定后，不设立标记，使用具有实时差分功能的卫星定位系统确定样区中线两端和测点中心准确的经纬度，并把数据记录上报。定位精度应小于 1 m。

4.2 监测项目及方法

样区确定后应进行基础调查，内容包括表 1、表 2、表 3 的全部项目，此后分年度在测点进行观测，其中每年进行的项目见表 1 与表 2。表 1 为所有地区都应进行观测的项目，表 2 为根据需要进行观测的项目。每 5 年进行观测的项目见表 3。表 1、表 2、表 3 中"▲"表示适用。

表 1 测点的动态监测项目

项目名称	植被覆盖率/%	植被高度/cm	优势植物和指示植物	湿润指数	地下水位/cm	荒漠化斑块界定	土壤湿度/%	扬沙	沙尘暴	暴雨日数	极端自然灾害	工、农、林、牧渔生产总值、每亩单产、耕地面积和牲畜头数	人口、人类重大活动
观测季节	优势植物盛花期前后20天	优势植物盛花期前后20天	优势植物盛花期前后20天	30年滑动	每年12月	视荒漠化类型确定	生长季每旬末	全年	全年	全年	全年	次年	次年
适用方法													
地面测量	▲(高植被)	▲	▲										
近地面数码图像分析	▲(草等低矮植被)					▲							
航测图片	▲												
卫星影像					▲	▲	▲	▲	▲	▲	▲		
常规资料统计				▲								▲	▲

表2 测点的选测项目

项目名称	土壤风蚀状况	土壤盐渍化状况	土壤水蚀状况	冰蚀状况	蒸散量和水分平衡
观测季节	春秋季	春耕前	春秋季	春耕前	生长季
适用方法					
地面测量	▲	▲	▲	▲	▲
近地面数码图像分析		▲	▲		
航测图片	▲	▲	▲	▲	
卫星影像	▲	▲	▲	▲	
常规资料统计			▲		

表3 每逢尾数为0和5的年份进行观测的项目

项目名称	植物干重/(g/m²)	土壤养分	土壤机械组成
观测季节	优势植物盛花期前后20天	秋收后冬作物施底肥前	秋收后冬作物施底肥前
地面测量	▲	▲	▲

4.3 荒漠化监测常用装备

4.3.1 必用装备

4.3.1.1 具有差分功能的卫星定位系统,定位误差应小于1 m。

4.3.1.2 测高仪。

4.3.1.3 计算机:其内存容量应允许图像处理软件和地理信息系统软件正常工作。一般要求配置为256 MB内存、40 G以上硬盘、含有64 MB显存的显卡等。

4.3.1.4 数码相机:像素100万以上,具有自拍功能。带有可将其支持至所需高度及保持所需角度的支架。

4.3.2 选用装备

4.3.2.1 常规气象观测设备:温、湿、降水、风、总辐射、反射、净辐射等。

4.3.2.2 常规地下水位观测设备:测钟、浮子或压电传感器等地下水位测量仪。

4.3.2.3 常规土壤测量工具:采挖工具及土面标杆,土壤盐碱测量仪(EM38)、土壤原位电导率仪、pH计等。

4.3.2.4 常规测量工具:100 m测绳、卷尺等。

5 气候变化和人类活动的监测

5.1 降水量、温度变化的统计

5.1.1 原始数据的滑动平均处理

在统计降水量和温度变化的趋势时,应使用九点二项滑动平均法(9-Point binomial filter)对原始数据做处理。

把原始资料分成3段进行统计,得出一组滑动平均值,计算如式(1)~式(3)所示:

$$y_i = \sum_{j=6-i}^{9} \left[x_{i+j-5} \cdot \frac{a_j}{\sum_{k=6-i}^{9} a_k} \right] (i=1,2,3,4) \quad \cdots\cdots (1)$$

$$y_i = \sum_{j=1}^{9} \left[x_{i+j-5} \cdot \frac{a_j}{\sum_{k=1}^{9} a_k} \right] (i=5,6,7,\cdots,n-4) \quad \cdots\cdots (2)$$

$$y_i = \sum_{j=i-n+5}^{9} \left[x_{i-j+5} \cdot \frac{a_j}{\sum_{k=i-n+5}^{9} a_k} \right] (i=n, n-1, n-2, n-3) \quad \cdots\cdots\cdots\cdots (3)$$

式中：
- x——为原始资料序列；
- y——为滑动结果序列；
- n——为资料总数；
- a_k、a_j——为系数。$a_1=1, a_2=8, a_3=28, a_4=56, a_5=70, a_6=56, a_7=28, a_8=8, a_9=1$。

5.1.2 对原始资料的要求

资料的采集与处理应执行《地面气象观测规范》。

5.2 湿润指数的计算

湿润指数的计算见式(4)：

$$S = \frac{r}{E_0} \quad \cdots\cdots\cdots\cdots (4)$$

式中：
- S——湿润指数；
- E_0——蒸发力；
- r——降水量。

本标准推荐使用 М. И. 布德科(Будыко)综合法的公式计算蒸发力,见式(5)：

$$E_0 = 1.67(e_s - e_a) \quad \cdots\cdots\cdots\cdots (5)$$

式中：
- e_s——蒸发表面温度下的饱和水汽压；
- e_a——空气中的水汽压。

各项的计算方法参见附录B。

其他方法[包括由国际荒漠化公约政府间谈判委员会(INCD)推荐的桑斯威特(Thornthwaite)法和联合国粮农组织(FAO)1998年推荐的彭曼-蒙泰斯(Penman-Monteith)计算蒸散量的公式]可试用,取得经验。

5.3 沙尘暴、扬沙日数和暴雨日数的统计

沙尘暴、扬沙和暴雨属于气象常规资料,资料来源应执行《地面气象观测规范》。

5.3.1 沙尘暴

5.3.1.1 一般规定

沙尘暴是由于强风将地面大量尘沙吹起,使空气相当混浊,水平能见度小于1.0 km的一种天气现象,目前常用目视观测。根据出现沙尘暴时的能见度,沙尘暴分为三级：

沙尘暴　能见度：0.5 km～＜1.0 km；

强沙尘暴　能见度：0.05 km～＜0.5 km；

特强沙尘暴　能见度：＜0.05 km。

部分地区已使用卫星等较先进的工具监测沙尘暴,取得良好的结果。这些方法将在推广普及后纳入本标准。

5.3.1.2 统计内容

要求分别统计每年出现各级沙尘暴的日数及总日数。

5.3.2 扬沙

5.3.2.1 一般规定

由于风大将地面尘沙吹起,使空气相当混浊,水平能见度大于或等于1.0 km,小于10.0 km。

GB/T 20483—2006

5.3.2.2 统计内容
统计每年出现扬沙的总日数。

5.3.3 暴雨日数的统计

5.3.3.1 一般规定
24 h 降雨量超过 50 mm 时，定为暴雨。

5.3.3.2 统计内容
统计每年出现暴雨的总日数。

5.4 地下水位的统计

5.4.1 一般规定
地下水位资料应从同一景观区内的水利部门水位基本监测井网获取。统计内容包括：每年年末水位资料和年末差（指年末监测值与上年同期监测值的差值）。

5.4.2 对资料来源的要求

5.4.2.1 测井
水位资料应来自水利部门的水位基本监测井或统测井。不宜使用生产井。

监测井附近不得有影响监测精度的天然水体或水利工程设施。

监测井的结构、材料、施工应符合水利部 SL/T 183 的规定。

当必须自建水位观测井时，其高程的测量、井的设计与施工、仪器的精度及操作方法均应符合水利部 SL/T 183 的规定。

5.4.2.2 测具
测绳等测具的精度应符合国家计量检定规程允许的误差规定。

5.4.2.3 观测时间
资料可选择 12 月 1、6、11、16、21、26 日 8 时（新疆、西藏、甘肃、青海可改为 10 时）的记录。

5.4.3 资料质量保证
测量单位应执行水利部 SL/T 183 标准。

5.5 人类重要活动的记载

5.5.1 记载内容
所在县级行政区当年人口、工业生产总值、农林牧渔生产总值、耕地面积、主要作物单产（kg/hm^2）、牧畜头数及其他重大事件，包括：耕作制度的重大改革；水库、运河、公路、铁路建成；大、中型工业投产等。

5.5.2 资料来源
统计部门（年鉴）。

5.6 极端自然灾害的记载

5.6.1 记载内容
地震、火山爆发、干旱、暴雨、洪涝、雪灾、冰雹、冻害、大风等对当地自然环境造成影响的特大灾害。记录内容包括时间、地点、范围、强度、危害。

5.6.2 资料来源
当地气象台站和地震、水利部门

6 荒漠化属性的监测

6.1 风蚀沙化的监测

6.1.1 监测内容
风蚀沙化按表 4 中各项计算积分，然后按表注所列的指标，确定严重程度。

监测项目包括土壤机械组成、植被覆盖率、覆沙厚度、覆沙面积等。

表 4 风蚀沙化程度

植被覆盖率	亚湿润干旱区	<10%	10%～29%	30%～49%	50%～69%	≥70%
	干旱、半干旱区	<10%	10%～24%	25%～39%	40%～59%	≥60%
	评分	40	30	20	10	4
覆沙厚度/cm		<5	5～19	20～49	50～99	≥100
评分		1	4	8	11	15
土壤质地		黏土	壤土	砂壤土	壤砂土	砂土
或砾石含量		<1%	1%～14%	15%～29%	30%～49%	≥50%
评分		1	5	10	15	20
地表形态		平沙地或沙丘厚度≤2 m	沙丘厚度2.1 m～5.0 m	沙丘厚度5.1 m～10 m	戈壁、风蚀劣地裸土地或沙丘厚度>10 m	
评分		6	13	19	25	

注：四项得分合计≤18 为非荒漠化、19～37 为轻度、38～61 为中度、62～84 为重度、≥85 为极重度。

6.1.2 监测方法
6.1.2.1 吹蚀、吹积物调查
选择未经耕作破坏的区域做样方。埋设标志杆，记载风蚀深度或覆沙厚度，用于评价风沙活动和地表形态；同时记载地面覆沙厚度。取同一测点各样方的平均值为该测点的值。

6.1.2.2 土壤机械组成分析
按选择的方式排列取土样方 3～20 个，取 0～20 cm 土层的土样，多点混合，共取约 1 kg，妥善装袋，内外各置标签一份，注明取样地点和日期，送有关部门用吸管法测定，执行国际制土壤质地分析标准。

6.2 盐渍化的监测
6.2.1 监测项目（见表 5）
6.2.2 监测方法
盐碱地应在每年春季土壤返盐高峰期采取土样。

初次取样或每个尾数为零的年份，每个测点分层取至 100 cm（乌鞘岭-贺兰山以东 0 cm～5 cm、5 cm～10 cm、10 cm～20 cm，以西 10 cm～30 cm，往下按自然土层划分）或至地下水，其余年份只采 0 cm～5 cm、5 cm～10 cm、10 cm～20 cm（以西为 10 cm～30 cm）土层。每块地多点混合共取土 1 kg。对盐斑要另行取样，选中等大小的盐斑，在盐斑中心处按盐结皮、蓬松层和其他发生层次，分层取样至 20 cm。盐碱土的土样应用塑料袋妥善包装，袋内外各有一份标签，注明取样地点、日期、深度。送到附近的有关部门进行。送分析样品应及时，室内晾干，切忌晒干。

化学分析的项目参见表 5。表 5 中"▲"表示应分析。

表 5 土壤盐化和碱化化学分析项目

项目	pH 值	全盐	可溶性盐分组成（Cl^-，SO_4^{2-}，CO_3^{2-}，HCO_3^-，Na^+，K^+，Ca^{2+}，Mg^{2+}）	碱化度
盐土和盐化土壤	▲	▲	▲	
碱土和碱化土壤	▲	▲		▲

复区分布特征可以用丈量法或数码图像分析法测定。

6.2.3 盐化土壤分级指标
参见表 6。

表6 盐化土壤分级指标

单位：%

	主成分盐量	轻盐化	中盐化	重盐化	盐　土
乌鞘岭-贺兰山以东	苏打为主	0.1~0.3	0.31~0.5	0.51~0.7	>0.7
	氯化物为主	0.2~0.4	0.41~0.6	0.61~1.0	>1.0
	硫酸盐为主	0.3~0.5	0.51~0.7	0.71~1.2	>1.2
乌鞘岭-贺兰山以西	苏打为主	0.35~0.5	0.51~0.65	0.65~0.85	>0.85
	氯化物为主	0.7~0.9	0.91~1.3	1.31~1.6	>1.6
	硫酸盐为主	0.7~1.0	1.01~1.5	1.51~2.0	>2.0

6.2.4 碱化土壤分级指标

参见表7。

表7 碱化土壤分级指标

化学性质	轻度碱化	中度碱化	强度碱化	碱　土
碱化度/%	5~15	15.1~30	30.1~45	>45
pH值	8.5~9.0	9.1~9.5	9.6~10.0	>10.0

6.3 水力侵蚀的监测

6.3.1 监测项目

植被覆盖率、坡度和侵蚀沟比例。

6.3.2 监测方法

坡度可从近十年内测绘的地形图上量取，或用经纬仪及差分GPS测取。侵蚀沟比例可用丈量法或数码图像分析、卫星和航测影像分析获得。

6.3.3 水蚀程度分级指标

参见表8。

表8 水蚀程度评价计分表

植被覆盖率/%	≥70	69~50	49~30	29~10	<10
评分	1	15	30	45	60
坡度/°	<3	3~5	6~8	9~14	≥15
评分	2	5	10	15	20
侵蚀沟比例/%	≤5	6~10	11~15	16~20	>20
评分	2	5	10	15	20

注：三项合计≤24为非荒漠化、25~40为轻度、41~60为中度、61~84为重度、≥85为极重度。

6.4 植被生物生产力的监测

6.4.1 植被覆盖率的监测

6.4.1.1 一般规定

自然植被是显示荒漠化过程的重要因子。有些地区自然植被难以寻觅，可用至少撂荒3年的土地代替。

在地面监测植被覆盖率，对较高且分立可数的植被，应采用丈量法。对较低或融合成片的植被，应采用数码图像分析法。各种类型植被混杂时，应按乔木、灌木、草三层分别测量和统计，总的植被覆盖率等于100减去裸地覆盖率。必须使用目测估计时，应在数据后注明（目测）。

6.4.1.2 丈量法

用测绳拉出样方的长度，在其两侧量出样方的宽度，得出样方面积。测量植物冠层的投影面积，计算植被覆盖率。
6.4.1.3 数码图像分析法
6.4.1.3.1 图像的获取
相机应安装在支杆上,安装头使相机向下与支杆有一个小于5°的俯视角。支架的高度和相机的焦距决定取得图像的实际面积。
6.4.1.3.2 图像处理
把摄到的图像按常规方法输入计算机,以样区号、测点号、年(取后3位)、月、日、序号组成文件名,如0302003101105为3号样区、2号测点、2003年、10月、11日第5张照片。保存作为样片。

在计算机中启动图像处理软件(如 photoshop7.0)。在测量植被覆盖率时,打开需要计算植被覆盖率的图片,选出植被区,人工填充颜色增加反差(如:把植被部分全部涂成白色;把背景部分中灰度较高可能引起干扰读数的像素涂成黑色)。
6.4.1.3.3 读数
使用图像处理软件中的直方图(histogram)工具,把光标紧靠白色区的外沿,读出白色区(即植被覆盖区)像素占图面总像素的百分数,记为植被覆盖率。
6.4.1.3.4 精度要求
误差小于植被覆盖率的5%。
6.4.2 植被高度的监测
6.4.2.1 植被高度
对禾本科植物,在抽穗前是指由地面至最上部展开叶基部叶枕处,抽穗后量至穗顶。

其他作物的高度是指土壤表面至主茎顶端(包括花序)。

草层高度是指平视草层的自然状态高度,对突出的少量叶和枝条不予考虑。

树木高度是指地面至多数树木存活树梢的高度。
6.4.2.2 监测方法
在手摸高度范围内的植被,可用丈量法测量植被高度。对不能直接丈量的植被,应用测高仪测量植被高度。测高器适用于在各种地形条件下测量植被和其他物体的高度。每个样方测量株数应多于10株。

测高器种类较多,如以相似三角形对应边成比例原理设计的克里斯登测高器、圆筒测高器;以三角函数原理设计的布鲁莱斯测高器等。操作方法参照使用仪器的说明书。
6.4.2.3 精度要求
误差小于总高度的5%。
6.4.3 优势植物和指示植物的记录
6.4.3.1 优势植物记录
选择样方中数量居前位的农作物和野生植物两种并注明数量(百分率),记录其科名和属名[4]。对不知名的植物应通过检索表检索,检索时应采用中国高等植物科属检索表或其他类似工具书。
6.4.3.2 指示植物记录
发现以下种类植物时,不论多少,均应记录,并注明数量(百分率)。

a) 盐化土易生植物:盐角草、地枣、黄须、滨藜、海蓬子、盐木、梭梭柴、西伯利亚白刺、黑果枸杞、柽柳、红沙、珍珠、盐爪爪、补血草、芨芨草;

b) 碱化土易生植物:碱蒿、星星草;

c) 沙化土易生植物:沙米、绵蓬、小叶锦鸡儿、糙隐子草、油蒿、羊柴、沙竹、差巴嘎蒿、白蒿、紫花针茅、闭穗、兴安胡枝子、狗尾草、黄蒿、阿尔泰狗娃花、变蒿。

6.4.4 植物干重的监测
本方法适用于体积小,适于烘干的植物,如草和农作物等。

把齐地面割取到的单位面积上的植物样品去除粘连的土块,剪切成小块,装入有标签并称过质量的布袋内称取鲜重。标签上应记明名称、取样地点、时间、袋重。放入恒温干燥箱内加温,在100℃～105℃烘烤1 h,杀青。以后维持70℃～80℃,6 h～12 h后第一次称重;以后每小时称质量一次,前后两次质量差≤0.05%时,停止烘烤,称出连袋干重。样品取出烘箱后如较长时间不能称质量,应放入干燥器,避免吸收空中水气。

6.4.5 荒漠化发展程度与植被特征的参考关系

荒漠化发展程度主要用植被生产力衡量。需要用干重、鲜重、品质或覆盖率、高度、种类等综合评价。对植被退化的评价,应执行GB 19377的规定。对荒漠化程度评价应根据表9,其中植被覆盖率、指示植物数量用当年数据,高度降低率及总产草量用前5年(含当年)平均数,采用择重法,以表现最重者的等级为准。

表9 植被特征与荒漠化程度参考关系

植被特征	荒 漠 化 程 度				
	非荒漠化	轻度	中度	重度	极重
植被覆盖率/%	≥70	69～50	49～30	29～10	<10
高度降低率/%(与10年前相比)	<10	11～20	21～35	36～50	>50
指示植物株数/%	0	<10	11～20	21～30	>30
总产草量或干重减少率/%(与10年前相比)	<10	11～20	21～35	36～50	>50

6.5 其他属性的监测

6.5.1 水分平衡

6.5.1.1 土壤湿度的年际变化

土壤湿度数据应使用生长季0～10 cm、10 cm～20 cm、20 cm～30 cm、30 cm～40 cm、40 cm～50 cm土壤湿度前5年(含当年)平均值。

6.5.1.2 蒸散量

水分平衡常用简化的公式式(6)来计算。

$$P = R_O + D + ET + SW \quad\quad\quad\quad\quad\quad (6)$$

式中:

P——为降水量,单位为毫米(mm);

R_O——为径流量,单位为毫米(mm);

D——为渗漏量,单位为毫米(mm);

ET——为蒸散量,单位为毫米(mm);

SW——为土中保持的水量,单位为毫米(mm)。

式(6)中渗漏量、土中保持的水量可忽略,降水量、径流量可分别向气象、水文部门索取,蒸散量应在样区实测。测量时可采用涡动相关法、梯度法、大孔径闪烁仪、蒸渗计等。应使用两种以上方法互相参照,其结果应有相同变化趋势,平均差值不超过10%。

6.5.2 土壤养分

6.5.2.1 监测内容

测定项目应包括有机质、全氮、全磷、全钾、速效氮、磷、钾和其他怀疑其缺乏的微量元素。

6.5.2.2 监测方法

在秋收后冬作物未施肥以前采样,用土钻采取0 cm～20 cm全层土样(垄作区在垄台、垄沟各取一半)。在每个样区中选择10个以上测点,混合后留1 kg交有关部门分析。分析方法应符合NY/T 53,

NY/T88,NY/T 89,NY/T 85 和 LY/T 1229,LY/T 1233,LY/T 1236 的规定。

6.5.3 冰蚀及其他

根据植被覆盖率区分严重程度,轻度＞50%～70%,中度 30%～49%,重度 10%～29%,极重度＜10%。界定方法应遵照第 7 章的规定。

7 荒漠化斑块界定

7.1 荒漠化斑块界定依据

确定荒漠化斑块边界的主要依据,对于一般地区是土地的生物生产力,常用自然状态植被覆盖率、高度、干重和植物种类来表示;对于沙化、盐渍化和水蚀地区,以沙化、盐渍化和水蚀的严重程度为主。界定时应以气候因素(湿润指数)为一级指标(标志应进行监测的地区);荒漠化类型为二级指标;荒漠化程度为三级指标;土地利用或植被类型、人为因素(包括治理)为四级指标。

当斑块面积小于 $(2\ \text{mm}/R)^2$,或短边小于 $1\ \text{mm}/R$ 时,可忽略。式中 R 为底图比例尺。

定界前必须仔细了解过去已有的调查结果,并具有当地县级土壤分布图。

7.2 方法选择

地面实测和遥感相结合。在交通方便的地区,依靠地面调查;在交通不便的地区,依靠卫星影像和航测图。

当航片、卫片的定界与地面调查不符时,应以地面调查结果为准。

7.3 地面调查

7.3.1 缩小网格法

在用 5 km 网格测到的荒漠化与非荒漠化过渡地带缩小网格,在每个网格中设立测点,测定后以同一类型网格的中心连线定出边界。

7.3.2 卫星定位测定法

选择交通比较方便的区域,使用手持卫星定位器,根据植被状况及土壤理化性质,沿其边缘,每隔 100 m～500 m 定点记录经纬度读数,在底图上标出各点,在交通不便地区,参看卫星影像,连成边界线。

7.3.3 记录填写

把结果填写在附录 A 的表中。属性栏内容应包括类别:风蚀、水蚀、盐渍化、植被退化、其他(冰蚀等)和主要指标。

7.4 航测影像图的应用

7.4.1 航测影像图的获取

航测图可向测绘部门索取。使用者应索要工作地区的数字正射影像图,比例尺最好选择 1∶50 000。选择影像图应考虑航摄季节和时间,测量植被应选择植被茂盛期的影像,对我国的监测地区,多数应在当地优势作物开花期前后 20 d 内进行;测量盐碱地应选择干旱季节后期的影像。选择数字正射影像图的时间还应尽量与地面样区和测点进行的基准测试同步。所需图片的数量,可咨询提供影像图的部门。

7.4.2 判读

a) 根据样区、测点附近的地形、地貌、建筑物等的特点,确定这些观测点在航片上的位置。
b) 参照已收集到的地理、地质、植被、土壤等资料,特别是本区域已有的土壤普查图,掌握所在区域的总体特征。
c) 使用图形编辑软件,根据影像的形状、纹理、色调、阴影、结构建立判读标志,以相同的标志划分成斑块。
d) 使用 ArcInfo、MapInfo 等 GIS 软件进行数据分析、统计等处理。按照先易后难、先明显后模糊的原则,参考地面测站提供的数据,逐块读出监测工作所需的数据,如植被覆盖度、水蚀区沟壑所占比例、沙土覆盖面积等,并定出荒漠化斑块的边界和属性。

7.4.3 实地验证
选择一定的路线,调查验证判读结果是否正确。验证面积应大于总调查面积的5%～10%。调查过程要特别关注新产生、新扩展荒漠化斑块的界定。

7.4.4 数据的量算及储存
根据实地验证结果对判读结果进行修正,确定荒漠化斑块分布,并量算各种类型荒漠化土地的面积。利用各图斑的数据成图。并把数据填入附录A的表3中。

7.5 卫星影像的应用
7.5.1 卫星影像的收集
7.5.1.1 卫星影像分辨率的选择
卫星影像一般多用于省级和地、市级的遥感调查。省级调查用比例尺1:500 000左右底图,多采用TM遥感影像(空间分辨率30 m×30 m);地、市级常用比例尺1:100 000或1:50 000左右底图,适于使用TM(空间分辨率30 m×30 m)、ETM+(空间分辨率15 m×15 m)、SPOT(空间分辨率5 m×5 m)或更高分辨率的卫星影像。

7.5.1.2 卫星影像数据适宜时相的选择
卫星资料时相应根据被调查区域的地理位置、环境特点、荒漠化土地的类型来选择。年份应与地面观测相同;季节应符合4.2的规定。

7.5.1.3 卫星影像合成最佳波段的选择
为加强地面土壤、水分、植被的差异,使合成图像色彩鲜明、反映地物内容丰富、纹理清晰,以便更准确地判读与解译,应使用含有红外光谱通道的假彩色影像,如TM 743、TM 742或TM 543等。

7.5.2 判读前的预处理
7.5.2.1 投影变换与复合配准
借助卫星遥感处理软件将卫星影像投影变换为所需用投影类型和比例尺的卫星影像,比例尺1:500 000的常选用兰伯特或亚尔勃斯圆锥投影,比例尺1:100 000或1:50 000的常选用高斯-克吕格投影。在与卫星影像比例尺相同的地形图或电子地形图上选择配准点与卫星影像复合配准,配准点多选用水系、大坝、桥梁等变化不大的地物。而后叠加公里网格、图幅号、经纬度、图廓线等信息。

7.5.2.2 建立影像判读标志和解译标志
对调查区进行概查,着重了解调查目标—景观—影响标志之间的关系,建立影像判读标志。由于同一土壤、地貌、植被、潜水和水体在不同地区,特别是在不同的时相中会有变异,即同物异谱或同谱异物,因此必须认真分析解译对象的光谱特征,通过概查对解译对象和影观因素在影像上的反映有深入了解,建立解译标志。可参照表10。

表10 判读标志特征个例(TM 742合成)

判读标志	影像颜色	影像图型、纹理
砂性土壤	白色 浅黄灰色(有部分植被)	沙丘:有沙丘纹理 河床:线状缺口 海岸砂:与海岸平行
盐渍土	浅蓝(轻盐渍化裸土) 灰蓝(重盐化裸土、盐土) 蓝灰(滨海盐土) 白色(硫酸盐土)	絮块状:内陆盐土 大片状:滨海盐土及荒漠盐土
草甸性土壤	浅蓝(裸土) 红(生长植被)	—
水体	深蓝(深而清的水体) 浅蓝(浅而浑的水体)	湖泊:片状 水库:有坝址整齐的几何图形 河流:线状

7.5.3 判读

a) 复合配准、概查之后,在卫星影像上确定样区所在地点,判读该点的属性,包括土地利用类型、荒漠化类型、荒漠化程度评价指标等。同时确定各测点的位置。

b) 在卫星影像上借助图像分析软件,进行人工判读。寻找与样区和测点性状类似的像元,画成一个个图斑,确定界线。同时,根据样区和各测点取得的数据定出各图斑区的属性。

7.5.4 实地验证

在所有图斑中抽取5%～10%的图斑进行实地调查,对所判读的内容进行实测。愈难判读的地区,抽取调查的比例愈高。

7.5.5 数据量算及储存

根据实地验证结果对判读结果进行修正,确定荒漠化斑块分布,并量算各种类型荒漠化土地的面积。利用各图斑的数据成图,并把数据填入附录A的表中。

附 录 A
（规范性附录）
记录表格式

A.1 动态监测项目区域名

样区号_____ 位置1.____E____N 2.____E____N 时间____年____月____日

测点号	经度纬度	观测日期	样方号	植被覆盖率/%			植被高度/cm	优势植物	指示植物
				草	灌木	乔木			
1			1						
			2						
			3						
			4						
			5						
			合计						
2			1						
			2						
			3						
			4						
			5						
			合计						
3			1						
			2						
			3						
			4						
			5						
			合计						
			总计						
			平均						

湿润指数和水分平衡	平均土壤湿度/%	年末地下水位/cm	扬沙和沙尘暴总日数	年末人口	工业生产总值	农林牧渔总值	牲畜头数	重要人类活动和极端自然灾害

A.2 选测和调查项目

区域号_____ 样区号_____ 位置1.___E ___N 2.___E ___N 时间____年__月__日

测点号	经度纬度	观测日期	样方号	选测项目1	选测项目2	土壤肥力	土壤机械组成	植物鲜重和干重/g	植物品质
1			1						
			2						
			3						
			4						
			5						
			合计						
2			1						
			2						
			3						
			4						
			5						
			合计						
3			1						
			2						
			3						
			4						
			5						
			合计						
			总计						
			平均						

A.3 荒漠化区域界定测点记录

区域号_____ 时间_____年____月____日

	测点号	经度	纬度	属 性			
地面实测点	1						
	2						
	3						
	4						
	5						
	6						
	7						
	8						
	9						
	10						
	11						
	12						

表(续)

	测点号	经度	纬度	属 性				
遥感点	1							
	2							
	3							
	4							
	5							
	6							
	7							
	8							
	9							
	10							
	11							
	12							
	13							
	14							
	15							
	16							
	17							
	18							
	19							
	20							
	21							
	22							
	23							
	24							

附 录 B
（资料性附录）
布德科综合法计算蒸发力

布德科综合法计算蒸发力的公式为式(B.1)：

$$E_0 = 1.67(e_s - e_a) \quad \quad (B.1)$$

式中：
E_0——蒸发力；
e_s——蒸发表面温度下的饱和水汽压；
e_a——空气中的水汽压。

e_a 的月平均值可从气象月报表中取得。e_s 用式(B.2)计算得出：

$$R_0 - G - d = (e_s - e_s') + 0.8(T_s - T) \quad \quad (B.2)$$

式中：
e_s'——空气温度条件下的饱和水汽压；
d——空气饱和差；
R_0——计算得出的潮湿表面的辐射平衡值；
G——地热通量；
T——空气温度；
T_s——下垫面温度。

式中 T、e_s'、d 可从气象台站资料取得，R_0 可根据辐射平衡公式算出，G 可以忽略，T_s 和 e_s 有一已知关系，因此，就可以求出 e_s 值，然后根据式(B.1)求得蒸发力。更详细的具体方法可查阅地理学报33卷2期《我国最大可能蒸发量的计算和分布》[5]。我国最大可能蒸发量分布图如图 B.1 所示。

单位：毫米

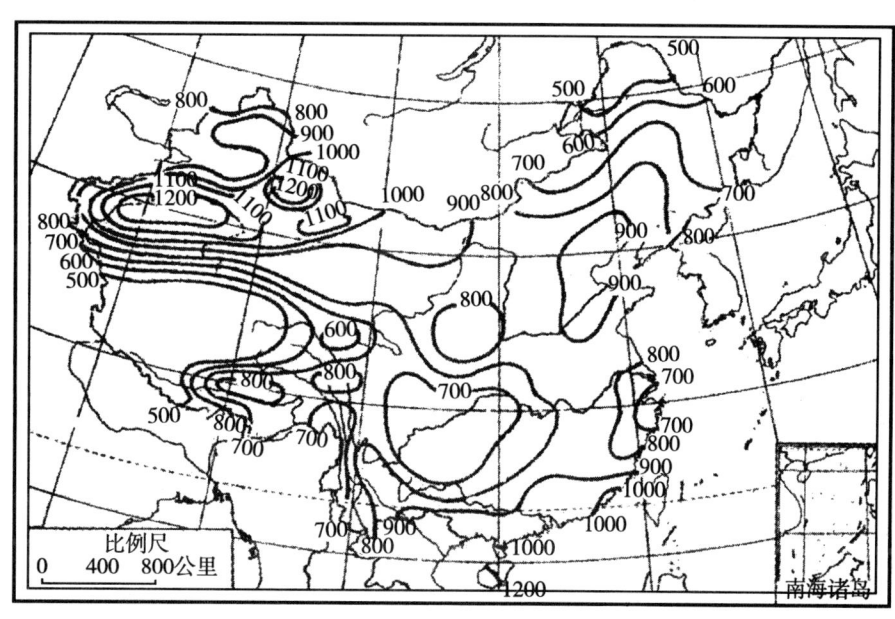

全 年

图 B.1 我国最大可能蒸发量分布图

参 考 文 献

[1] 国家林业局.全国第三次荒漠化和沙化监测技术规定(2004).
[2] 全国土壤普查办公室,中国土壤普查技术(1992):风沙土与风蚀沙化土壤调查方法、灌区土壤盐渍化调查的内容与方法、土壤侵蚀调查方法.
[3] 中国气象局.地面气象观测规范.2003.
[4] 中国高等植物科属检索表.北京:科学出版社,1995.
[5] 我国最大可能蒸发量的计算和分布.地理学报.33(2).

ICS 07.060
A 47

中华人民共和国国家标准

GB/T 20484—2006

冷 空 气 等 级

Grading of cold air

2006-08-28 发布　　　　　　　　　　　　　　　　2006-11-01 实施

中华人民共和国国家质量监督检验检疫总局
中国国家标准化管理委员会　发布

前言

本标准由中国气象局提出。

本标准由中国气象局政策法规司归口。

本标准起草单位:国家气象中心(中央气象台)。

本标准的主要起草人:周庆亮、李延香、乔林、毕宝贵、田翠英。

引 言

冷空气、特别是强冷空气和寒潮是我国重大的灾害性天气之一，它具有发生频率高、持续时间长、影响范围广、致灾严重等特点。冷空气的频繁发生不仅会造成我国国民经济、特别是农业生产的巨大损失，而且还会对环境及人们的生活、健康造成严重的影响和危害。

长期以来，我国气象工作者对于冷空气、特别是寒潮标准进行了大量的研究。但由于我国幅员辽阔，各地的自然地理和气候差异很大，因此过去几十年冷空气的分级标准各地不统一，并且时有更改，有的还不够科学合理。本标准编制的目的是为了统一和规范影响我国单站的冷空气分级标准，使冷空气的监测、预报、警报、评估、研究及防范工作更规范化、标准化、科学化。

本标准是在参考中国气象局、中央气象台和各省（市、区）气象台现行的冷空气预报、警报业务规定的基础上编写制定的。

GB/T 20484—2006

冷 空 气 等 级

1 范围

本标准规定了冷空气等级划分的原则和冷空气等级。
本标志适用于我国冷空气的监测、预报、警报、评估和科学研究。

2 术语和定义

本标准采用下列定义和术语。

2.1
冷空气 cold air

使所经地点气温下降的空气。

2.2
日最低气温 daily minimum temperature

当日气温的最低值。

注：按《地面气象观测规范》[5]规定观测的前一日06时(世界时，下同)后至当日06时之间的气温最低值。

2.3
24小时内降温幅度 the drop of daily minimum temperature in 24 hours

某日06时以后24 h内的日最低气温与某日日最低气温之差。

2.4
48小时内降温幅度 the drop of daily minimum temperature in 48 hours

某日06时以后48 h内最低的日最低气温与某日日最低气温之差。

2.5
72小时内降温幅度 the drop of daily minimum temperature in 72 hours

某日06时以后72 h内最低的日最低气温与某日日最低气温之差。

3 冷空气等级划分的原则

采用受冷空气影响的地区在一定时段内日最低气温的下降幅度和日最低气温值两个指标来具体划分冷空气等级。

4 冷空气的等级

4.1 等级划分

冷空气分五个等级：弱冷空气、中等强度冷空气、较强冷空气、强冷空气和寒潮。

4.2 弱冷空气

使某地的日最低气温48 h内降温幅度小于6℃的冷空气。

4.3 中等强度冷空气

使某地的日最低气温48 h内降温幅度大于或等于6℃但小于8℃的冷空气。

4.4 较强冷空气

使某地的日最低气温48 h内降温幅度大于或等于8℃，但未能使该地日最低气温下降到8℃或以下的冷空气。

4.5 强冷空气

使某地的日最低气温48 h内降温幅度大于或等于8℃,而且使该地日最低气温下降到8℃或以下的冷空气。

4.6 寒潮

使某地的日最低气温24 h内降温幅度大于或等于8℃,或48 h内降温幅度大于或等于10℃,或72 h内降温幅度大于或等于12℃,而且使该地日最低气温下降到4℃或以下的冷空气。

注:本条中48 h、72 h内的日最低气温必须是连续下降的。

参 考 文 献

[1] 中央气象台.天气预报室业务规范手册.2001.
[2] 各省(市、区)气象台.天象预报手册.北京:气象出版社.
[3] 大气科学辞典编委会.大气科学辞典,北京:气象出版社,1994.
[4] 中国气象局监测网络司.地面气象电码手册.北京:气象出版社,1999.
[5] 中国气象局.地面气象观测规范.北京:气象出版社,2003.
[6] 王建林,吕厚荃,张国平,等.农业气象预报.北京:气象出版社,2003.
[7] 北京大学地球物理系气象教研室.天气分析和预报.北京:科学出版社,1976.
[8] 朱乾根,林锦瑞,寿绍文.天气学原理和方法.北京:气象出版社,1983.

ICS 07.060
A 47

中华人民共和国国家标准

GB/T 20486—2006

江河流域面雨量等级

Grade of valley area rainfall

2006-08-28 发布

2006-11-01 实施

中华人民共和国国家质量监督检验检疫总局
中国国家标准化管理委员会 发布

GBT 20486—2006

前 言

本标准的附录 A 为资料性附录。

本标准由中国气象局提出。

本标准由中国气象局政策法规司归口。

本标准起草单位：河南省气象局业务处、河南省气象台。

本标准主要起草人：张存、李飞、米鸿涛、曹铁、王全周、孙景兰、布亚林、田万顺、郑世林。

引 言

我国幅员辽阔,江河纵横。流域面雨量既是洪水预报和防洪调度的重要参数,又是各级政府防汛抗洪决策的重要依据。

长期以来,我国气象与水文工作者密切协作,从防汛、抗洪、减灾、抢险的需要出发,开展了流域面雨量与致洪暴雨的研究,取得了许多重要的成果。特别是1998年长江流域发生历史上罕见的洪涝灾害之后,我国加强了有关面雨量业务和服务工作。为此,在进行调研和参阅大量有关文献的基础上,编写了本标准,以指导流域面雨量的分析、预报和检验工作。

GB/T 20486—2006

江河流域面雨量等级

1 范围

本标准规定了江河流域面雨量的等级。

本标准适用于江河流域面雨量的业务和科学研究。

2 术语和定义

下列术语和定义适用于本标准。

2.1
流域 valley

河流、湖泊和水库汇集由降雨形成的地表径流的地域，一般以分水岭与其他流域边界为界。

2.2
站点雨量 station rainfall

某一测站在某一时段内从天空降落到地面上的液态降水，未经蒸发、渗透、流失而在水平面上积累的深度。雨量以毫米(mm)为单位。

2.3
降雨等级 grade of rainfall

根据单位时间内站点雨量的大小而定出的等级，用来反映降雨的强度。

2.4
面雨量 area rainfall

指某一时段内一定面积上的平均雨量。

3 面雨量等级的划分

江河流域面雨量等级的划分以站点降雨等级的划分(见附录A)为基础，分为小雨、中雨、大雨、暴雨、大暴雨和特大暴雨六个等级。各等级对应的12 h、24 h面雨量幅度值见表1。

表 1 江河流域面雨量等级划分表

江河流域面雨量等级	12 h 面雨量值/mm	24 h 面雨量值/mm
小雨	0.1～2.9	0.1～5.9
中雨	3.0～9.9	6.0～14.9
大雨	10.0～19.9	15.0～29.9
暴雨	20.0～39.9	30.0～59.9
大暴雨	40.0～80.0	60.0～150.0
特大暴雨	>80.0	>150.0

4 面雨量的计算方法

面雨量的计算采用算术平均法、泰森多边形法。

算术平均法适用于雨量测站较多而分布又较为均匀的流域或采用网格点雨量计算面雨量的流域。泰森多边形法适用于雨量站点分布不均的流域。

4.1 算术平均法

流域内所有雨量测站（网格点）的同期降雨量之和，除以雨量测站总站数（格点数）。其计算如式（1）：

$$\overline{P} = \frac{\sum_{i=1}^{n} P_i}{n} \quad \cdots\cdots\cdots\cdots\cdots\cdots\cdots\cdots\cdots\cdots\cdots (1)$$

式中：

$\overline{P}$——流域的面雨量，单位为毫米（mm）；

P_i——流域内各雨量测站的同期降雨量，单位为毫米（mm）；

n——雨量测站数。

4.2 泰森多边形法

将流域内各相邻雨量测站用直线相连，作各连线的垂直平分线，这些垂直平分线相交把流域划分为若干个多边形，每个多边形内都有一个雨量测站。设每个雨量测站都以其所在的多边形为控制面积，则流域面雨量为各站点的雨量乘以各自的控制面积的总和除以流域的总面积。其计算如式（2）：

$$\overline{P} = \sum_{i=1}^{n} P_i W_i \quad \cdots\cdots\cdots\cdots\cdots\cdots\cdots\cdots\cdots\cdots\cdots (2)$$

式中：

W_i——为各测站的控制面积与流域总面积的比值即权重系数，$W_i = S_i / S$；

S_i——流域内各雨量测站的控制面积；

S——流域的总面积；

$\overline{P}$——流域的面雨量；

P_i——各雨量测站的同期降雨量；

n——雨量测站数。

附 录 A
（资料性附录）
站点降雨量等级划分表

表 A.1

站点降雨量等级	12 h 雨量值/mm	24 h 雨量值/mm
小雨	0.1～4.9	0.1～9.9
中雨	5.0～14.9	10.0～24.9
大雨	15.0～29.9	25.0～49.9
暴雨	30.0～69.9	50.0～99.9
大暴雨	70.0～140.0	100.0～250.0
特大暴雨	＞140.0	＞250.0

参 考 文 献

[1] 白殿一.标准编写指南.北京:中国标准出版社,2002.
[2] 中国气象局.全国七大江河流域面雨量预报业务暂行规定.2003年4月发布.
[3] 魏中明.汉英水利水电技术词典.北京:水利水电出版社,1993.
[4] 章淹.致洪暴雨中期预报可行性.北京:气象出版社,1993.
[5] 王家祁,胡明思.中国暴雨面雨量极值分布.水科学进展.1993(1).
[6] 大气科学辞典编委会.大气科学辞典.北京:气象出版社.1994.
[7] 王名才.大气科学常用公式.北京:气象出版社,1994.
[8] 李馗峰、李玉书.山西沁河流域面雨量与致洪暴雨预报技术探讨.山西气象,1995(4).
[9] 符长锋、李朝兴等.黄河三花间面雨量的计算和预报.北京:气象出版社.1996.
[10] 杨扬、方勤生.利用地理信息系统软件计算面雨量.水文.1997(6).
[11] 徐胜、刘小虎.一种分析降水资料的图像化客观插值方法.水文.1999(2).
[12] 孟遂珍、彭治班等.流域平均降水量的一种算法.北京:气象出版社,1999.
[13] 董官臣、冶林茂等.面雨量在天气预报中的应用.气象,2000(1).
[14] 熊秋芬等.三峡区间面雨量预报方法及其试验结果.气象,2000(11).
[15] 徐晶、林建等.七大江河流域面雨量计算方法及应用.气象,2001(11).
[16] 郁淑华.面雨量计算方法的比较分析.四川气象,2001(3).
[17] 王跃山.客观分析和四维同化.气象科技:2001(1).
[18] 李平,张克家.试用LASGREM输出的降水预报制作黄河三花间面雨量预报.北京:气象出版社,2001.
[19] 李武阶、王仁乔等.几种面雨量计算方法在气象和水文上的应用比较.暴雨·灾害(四).
[20] 吴兴国等.郁江南宁17场洪水之合成面雨量特征分析.广西气象:2002(2).
[21] 王新龙、尤凤春等.海河流域面雨量计算方法及应用.河北气象:2002(4).
[22] 梁钰、布亚林.用数值产品加权集成制作淮河河南段面雨量预报.北京:气象出版社,2003.
[23] 杨扬、郑文等.T213降水预报产品在淮河流域面雨量预报中的业务应用试验.北京:气象出版社,2003.
[24] 刘勇、王东勇等.梅雨期HLAFS与T213降水预报产品的分析与比较.气象,2004(增刊).

ICS 07.060
A 47

中华人民共和国国家标准

GB/T 20487—2006

城市火险气象等级

Urban fire-danger weather ratings

2006-08-28 发布　　　　　　　　　　　　　　　2006-11-01 实施

中华人民共和国国家质量监督检验检疫总局
中国国家标准化管理委员会　发布

GB/T 20487—2006

前 言

本标准的附录 A 为资料性附录。
本标准由中国气象局政策法规司提出并归口。
本标准由武汉区域气候中心负责起草,国家气候中心参加起草。
本标准主要起草人:陈正洪、杨宏青、张强。

引 言

随着我国社会经济的发展、城市规模的扩大、新行业的产生和国民总资产的增长，城市火灾损失愈来愈大。由于火灾的发生、发展与气象条件关系密切，利用气象的预报能力来进行城市火险潜在程度的预报是可行的。我国政府历来非常重视火灾预防工作，制订了"预防为主，防消结合"的方针，而火险预报和评估是预防火灾，减少火灾发生，减轻火灾损失的一项重要工作。

近年来，全国各地许多气象部门与消防部门合作，积极开展了城市火险与气象条件的关系及其预报研究，有的还提出了当地的城市火险气象等级标准，但各地采用的气象因子、计算方法、指标划分、等级划分及命名相差很大，不具有可比性和普遍适用性。因此，非常有必要制订一套简便、全国通用的城市火险气象等级标准，使火险预报和评估工作业务化、标准化。

本标准虽是推荐性标准，但所规定的城市火险气象等级的五个级别、名称以及从低到高的原则，应当全国统一采纳。因我国地域辽阔，地理气候复杂多样，不但存在南北差异，还存在海拔高度差异，火源和可燃物差别也很大，所以对火险气象指数划分的临界值，可以在应用本标准一段时间后作适当调整，以适应当地的情况。

GB/T 20487—2006

城市火险气象等级

1 范围

本标准规定了城市火险气象等级的划分标准以及城市火险气象指数的计算方法。

本标准适用于城市火险气象等级的短期、中期和长期预报,也适用于城市火险气象等级气候评价。

2 术语及定义、缩略语

下列术语及定义、缩略语适用于本标准。

2.1 术语及定义

2.1.1
气温 air temperature

标准观测环境百叶箱中离地面1.5 m高处的空气温度,以摄氏度(℃)为单位。

2.1.2
日最高气温 daily maximum air temperature

一日内空气温度的最高值,以摄氏度(℃)为单位。

2.1.3
相对湿度 relative humidity

空气中实际水汽压与当时气温下的饱和水汽压之比,反映了空气距饱和空气的程度,以百分数(%)表示。

2.1.4
日最小相对湿度 daily minimum relative humidity

一日内空气相对湿度的最低值,以百分数(%)表示。

2.1.5
风速 wind speed

一般指离地10 m高单位时间内空气移动的水平距离,以米每秒(m/s)为单位。

2.1.6
日最大风速 daily maximum wind speed

一日内风速的最高值。

2.1.7
风力 wind force

风的强度,以十三个等级(0~12级)来度量。

2.1.8
日最大风力 daily maximum wind force

一日内风力的最高值。

2.1.9
降水 precipitation

从天空降落到地面的液态或固态的水。它包括雨、雪、雨夹雪、米雪、霜、冰雹、冰粒和冰针等降水形式。

2.1.10
降水量 rainfall

某一时段内的未蒸发、渗漏、流失的降水,在水平面上累积的深度,以毫米(mm)为单位。

2.1.11
日降水量 daily rainfall
一日内的累积降水量。

2.1.12
连续无降水日数 number of consecutive days without precipitation
自上一个降水日(日降水量≥0.1 mm)后未发生降水的连续日数。

2.1.13
城市火险 urban fire-danger
城市、城镇中可能发生火灾的潜在危险性。

2.1.14
城市火险气象指数 urban fire-danger weather index
在城市或城镇范围内与气象条件密切相关的可燃物潜在火险程度的评价指标。

2.1.15
城市火险气象等级 urban fire-danger weather ratings
在城市或城镇范围内与气象条件密切相关的可燃物可能发生火灾的潜在危险性等级指标。

2.1.16
火险气候评价 climatic evaluation of fire-danger
利用本标准对某地过去及现在一段时间的城市火险气候背景进行定量或定性评价。

2.1.17
火险气象等级短期预报 short-range forecast of fire-danger ratings
利用本标准对某地未来1 d~3 d的城市火险气象等级进行定量预报。

2.1.18
火险气象等级中长期预报 mid-range and long-range forecast of fire-danger ratings
利用本标准对某地未来4 d~10 d及以上的城市火险气象等级进行定量预报。

2.2 缩略语

UFDR——城市火险气象等级；
UFDI——城市火险气象指数；
$UFDI_T$——日最高气温对应的城市火险气象指数分量；
$UFDI_H$——日最小相对湿度对应的城市火险气象指数分量；
$UFDI_W$——日最大风力对应的城市火险气象指数分量；
$UFDI_{NR}$——连续无降水日数对应的城市火险气象指数分量；
$UFDI_R$——日降水量对应的城市火险气象指数分量。

3 城市火险气象等级

将城市火险气象等级划分为五个等级(一级~五级)，规定了每一级的名称、危险程度、火险气象指数范围及表征颜色，详见表1。

表1 城市火险气象等级的划分

级别	名称	危险程度	火险气象指数范围	表征颜色
一级	低火险	低	≤20	绿
二级	较低火险	较低	[21,40]	蓝
三级	中等火险	中	[41,60]	黄

表1(续)

级别	名称	危险程度	火险气象指数范围	表征颜色
四级	高火险	高	[61,80]	橙
五级	极高火险	极高	>80	红

注：表1中火险气象指数的计算方法见本标准第5章。

4 城市火险气象因子

选取日最高气温、日最小相对湿度、日最大风力（或日最大风速）、连续无降水日数、日降水量等5项气象因子为城市火险气象等级的影响因子。

5 城市火险气象指数的确定

5.1 城市火险气象指数的计算

城市火险气象指数（UFDI）的计算公式如下：

$$UFDI = UFDI_T + UFDI_H + UFDI_W + UFDI_{NR} + UFDI_R$$

5.2 日最高气温对应的城市火险气象指数分量（$UFDI_T$）

25°N以南的见表2，25°N～35°N的见表3，35°N以北的见表4。

表2 日最高气温对应的城市火险气象指数分量 $UFDI_T$（适用于25°N以南） 气温单位℃

3月～5月的日最高气温/℃	≤20.0	20.1～23.0	23.1～26.0	26.1～29.0	29.1～32.0	>32.0
6月～8月的日最高气温/℃	≤25.0	25.1～28.0	28.1～31.0	31.1～34.0	34.1～37.0	>37.0
9月～11月的日最高气温/℃	≤20.0	20.1～23.0	23.1～26.0	26.1～29.0	29.1～32.0	>32.0
12月～2月的日最高气温/℃	≤15.0	15.1～18.0	18.1～21.0	21.1～24.0	24.1～27.0	>27.0
火险气象指数分量	0	4	8	12	16	20

表3 日最高气温对应的城市火险气象指数分量 $UFDI_T$（适用于25°N～35°N） 气温单位℃

3月～5月的日最高气温/℃	≤13.0	13.1～17.0	17.1～21.0	21.1～25.0	25.1～29.0	>29.0
6月～8月的日最高气温/℃	≤23.0	23.1～27.0	27.1～31.0	31.1～35.0	35.1～39.0	>39.0
9月～11月的日最高气温/℃	≤16.0	16.1～20.0	20.1～24.0	24.1～28.0	28.1～32.0	>32.0
12月～2月的日最高气温/℃	≤2.0	2.1～6.0	6.1～10.0	10.1～14.0	14.1～18.0	>18.0
火险气象指数分量	0	4	8	12	16	20

表4 日最高气温对应的城市火险气象指数分量 $UFDI_T$（适用于35°N以北） 气温单位℃

3月～5月的日最高气温/℃	≤11.0	11.1～15.0	15.1～19.0	19.1～23.0	23.1～27.0	>27.0
6月～8月的日最高气温/℃	≤21.0	21.1～25.0	25.1～29.0	29.1～33.0	33.1～37.0	>37.0
9月～11月的日最高气温/℃	≤14.0	14.1～18.0	18.1～22.0	22.1～26.0	26.1～30.0	>30.0
12月～2月的日最高气温/℃	≤−8.0	−7.9～−4.0	−3.9～0.0	0.1～4.0	4.1～8.0	>8.0
火险气象指数分量	0	4	8	12	16	20

5.3 日最小相对湿度对应的城市火险气象指数分量（UFDI$_H$）

25°N 以南的见表 5，25°N～35°N 的见表 6，35°N 以北和海拔 3 000 m 以上的见表 7。

表 5 日最小相对湿度对应的城市火险气象指数分量 UFDI$_H$（适用于 25°N 以南）

日最小相对湿度/%	>90	81～90	71～80	61～70	51～60	≤50
火险气象指数分量	0	8	16	24	32	40

表 6 日最小相对湿度对应的城市火险气象指数分量 UFDI$_H$（适用于 25°N～35°N）

日最小相对湿度/%	>80	71～80	61～70	51～60	41～50	≤40
火险气象指数分量	0	8	16	24	32	40

表 7 日最小相对湿度对应的城市火险气象指数分量 UFDI$_H$
（适用于 35°N 以北和海拔 3 000 m 以上）

日最小相对湿度/%	>60	51～60	41～50	31～40	21～30	≤20
火险气象指数分量	0	8	16	24	32	40

5.4 日最大风力对应的城市火险气象指数分量（UFDI$_W$）

表 8 日最大风力（风速）对应的城市火险气象指数分量 UFDI$_W$

风力（级）	≤1	2	3	4	5	≥6
相应风速范围/(m/s)	≤1.5	1.6～3.3	3.4～5.4	5.5～7.9	8.0～10.7	≥10.8
火险气象指数分量	0	6	12	18	24	30

5.5 连续无降水日数对应的城市火险气象指数分量（UFDI$_{NR}$）

表 9 连续无降水日数对应的城市火险气象指数分量 UFDI$_{NR}$

连续无降水日数/d	≤2	3～4	5～6	7～8	9～10	11～12	13～14	15～16	17～18	19～20	>20
火险气象指数分量	0	3	6	9	12	15	18	21	24	27	30

5.6 日降水量对应的城市火险气象指数分量（UFDI$_R$）

表 10 日降水量对应的城市火险气象指数分量 UFDI$_R$

日降水量/mm	0	0.1～1.0	1.1～9.9	10.0～24.9	25.0～49.9	≥50.0
火险气象指数分量	0	−4	−8	−12	−16	−20

附 录 A
（资料性附录）
风力等级与风速对照表

表 A.1　风力等级与风速对照表

风力等级	名称	陆地地面物体征象	相当于平地 10 m 高处风速/(m/s)
0	静风	静，烟直上。	0～0.2
1	软风	烟能表示风向，树叶略有摇动。	0.3～1.5
2	轻风	人面感觉有风，树叶有微响，旗子开始飘动。高的草开始摇动。	1.6～3.3
3	微风	树叶及小枝摇动不息，旗子展开。高的草摇动不息。	3.4～5.4
4	和风	能吹起地面灰尘和纸张，树枝动摇。高的草呈波浪起伏。	5.5～7.9
5	清劲风	有叶的小树摇摆，内陆的水面有小波。高的草呈波浪起伏明显。	8.0～10.7
6	强风	大树枝摇动，电线呼呼有声，撑伞困难。高的草不时倾伏于地。	10.8～13.8
7	疾风	全树动摇，大树枝弯下来，迎风步行感觉不便。	13.9～17.1
8	大风	可折毁小树枝，人迎风前行感觉阻力甚大。	17.2～20.7
9	烈风	草房遭受破坏，屋瓦被掀起，大树枝可折断。	20.8～24.4
10	狂风	树木可被吹倒，一般建筑物遭破坏。	24.5～28.4
11	暴风	大树可被吹倒，一般建筑物遭严重破坏。	28.5～32.6
12	飓风	陆上少见，其摧毁力极大。	32.7～36.9

ICS 07.060;17.040.30
A 47

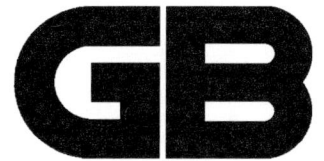

中华人民共和国国家标准

GB/T 20524—2006

农林小气候观测仪

Agriculture and forest microclimate measuring instrument

2006-10-16 发布　　　　　　　　　　　　　　　　　　2007-04-01 实施

中华人民共和国国家质量监督检验检疫总局
中国国家标准化管理委员会　发布

前　言

本标准规定的农林小气候观测仪温度、湿度、风速和辐射等技术参数与世界气象组织（WMO）仪器和观测方法委员会（CIMO）发布的《气象仪器和观测方法指南》（第 6 版）中的相关技术参数基本一致。其中温度和风速的最大允许误差均严于世界气象组织"可达到的业务准确度要求"。

本标准由中国气象局提出并归口。

本标准起草单位：长春气象仪器研究所。

本标准主要起草人：马凤春、丁海芳、田艳、郭作军、贾明书。

本标准为首次发布。

GB/T 20524—2006

农林小气候观测仪

1 范围

本标准规定了农林小气候观测仪的要求、试验方法、检验规则、包装与标志等。

本标准适用于农林小气候观测仪（以下简称小气候仪）。

2 规范性引用文件

下列文件中的条款通过本标准的引用而成为本标准的条款。凡是注日期的引用文件，其随后所有的修改单（不包括勘误的内容）或修订版均不适用于本标准，然而，鼓励根据本标准达成协议的各方研究是否可使用这些文件的最新版本。凡是不注日期的引用文件，其最新版本适用于本标准。

GB/T 191 包装储运图示标志（GB/T 191—2000，eqv ISO 780:1997）

GB/T 4857.3—1992 包装 运输包装件 静载荷堆码试验方法（eqv ISO 2234:1985）

GB/T 6587.4—1986 电子测量仪器 振动试验

GB/T 6587.5—1986 电子测量仪器 冲击试验

GB/T 6587.6—1986 电子测量仪器 运输试验

GB/T 6587.7—1986 电子测量仪器 基本安全试验

GB/T 6587.8—1986 电子测量仪器 电源频率与电压试验

GB/T 6833.4 电子测量仪器电磁兼容性试验规范 电源瞬态敏感度试验

GB/T 6833.6 电子测量仪器电磁兼容性试验规范 传导敏感度试验

GB/T 11463 电子测量仪器 可靠性试验

GB/T 13264—1991 不合格品率的小批计数抽样检查程序及抽样表

GB/T 15464—1995 仪器仪表包装通用技术条件

3 术语和定义

下列术语和定义适用于本标准。

3.1

梯度观测 gradient observation

对近地层中温度、湿度、风速和光辐射等随高（深）度的分布所进行的同步、实时观测。

3.2

光合有效辐射 photosynthetically active radiation

能为绿色植物吸收并参加光合作用的那部分太阳辐射。

3.3

小气候 microclimate

由于下垫面的不均一性和人类活动所产生的近地面大气层中及土壤上层中的小范围内的气候特点。

4 要求

4.1 组成

a) 空气温度、空气相对湿度、土壤温度、风速、雨量、光合有效辐射和总辐射等传感器；

b) 数据采集器与处理装置；

c) 支架、电缆及接插件；
d) 电源。

4.2 结构与外观

4.2.1 结构

a) 各气象要素的梯度观测的层数、层间距离应根据用户需要设定并做到地面以上层间距离可调；
b) 各部件间的连接电缆应柔软、屏蔽，接口部分应做防水处理；
c) 各零部件、支架和整机，应安装正确，牢固可靠，操作部分不应有迟滞、卡死、松脱现象；
d) 支架稳定，应无摇摆现象。

4.2.2 外观

a) 整机的外观几何形状和尺寸应符合图样要求，表面应光洁、无损伤、无变形、无涂层脱落；
b) 各机械部件、零件表面应无污染、无毛刺、无锈蚀，弯曲部位不应有裂纹或褶皱；
c) 产品商标印记、字符和代码应完整、清晰、牢固。

4.3 系统功能

a) 对气温、土壤温度、相对湿度、风速、雨量、光合有效辐射和总辐射等数据进行采集、处理和显示；
b) 采样步长可设置，采样步长为 1 h 时，应能贮存不少于 90 d 的数据；
c) 在断电时贮存数据不丢失，时钟走时不停并保存时间设定；
d) 各要素依次循环测量显示和单要素选择的测量显示；
e) 双向实时通讯。

4.4 性能

4.4.1 空气温度

测量范围：−20℃～50℃；
分辨力：0.1℃；
最大允许误差：±0.15℃。

4.4.2 相对湿度

测量范围：10%RH～100%RH（>0℃）；
分辨力：1%RH；
最大允许误差：±4%RH。

4.4.3 土壤温度

测量范围：−20℃～80℃；
分辨力：0.1℃；
最大允许误差：±0.2℃；
除另有规定外，梯度观测为 5 层：分别设在地表和距地面 5 cm、10 cm、15 cm 和 20 cm 深处。

4.4.4 风速

测量范围：0 m/s～15 m/s；
分辨力：0.1 m/s；
最大允许误差：±(0.25+0.03v) m/s（v 为实际风速）；
起动风速：≤0.25 m/s；
抗风强度：25 m/s。

4.4.5 雨量

雨量强度：(0～4) mm/min；
分辨力：0.1 mm；
最大允许误差：

——±0.4 mm（雨量≤10 mm）；
——±4%（雨量＞10 mm）。

4.4.6 光合有效辐射
测量范围：0 W/m²～700 W/m²；
最大允许误差：±5%。

4.4.7 总辐射
测量范围：0 W/m²～1 400 W/m²；
最大允许误差：±5%。

4.5 电气安全性
4.5.1 绝缘电阻
a) 在室内工作环境条件下测试，电源输入端与金属构件或机壳之间的绝缘电阻应大于或等于 20 MΩ；
b) 在 25℃～35℃、95%RH 的温湿环境条件下测试，电源输入端与金属构件或机壳之间的绝缘电阻应大于或等于 2 MΩ。

4.5.2 抗电强度
电源输入端与金属构件或机壳之间加 50 Hz、1 500 V 交流有效值并保持 1 min，不应有飞弧和击穿现象。

4.5.3 泄漏电流
最高额定电压供电时，＜5 mA。

4.6 时钟走时最大允许误差
月累计：±30 s。

4.7 电源适应性
4.7.1 交流供电
在 50(1±2%)Hz、220(1±10%)V 的条件下应能正常工作。

4.7.2 直流供电
在持续停电时间小于或等于 120 h 的情况下，蓄电池组应能正常供电。

4.8 电磁兼容性
4.8.1 电源瞬态敏感度
a) 尖峰信号（幅度：220 V～440 V，上升时间：0.5 μs，持续时间：10 μs）加到小气候仪的电源线上，小气候仪不应出现故障；
b) 电压瞬变（242 V～264 V、198 V～176 V）过程结束后 30 s，小气候仪应能自动恢复到工作状态；
c) 频率瞬变（52 Hz～55 Hz、48 Hz～45 Hz）过程结束后 30 s，小气候仪应能自动恢复到工作状态。

4.8.2 传导敏感度
a) 低频干扰：当频率为 30 Hz～5 kHz、电压为 3 V 的信号加到小气候仪的电源线上，小气候仪应能正常工作；
b) 高频干扰：当频率为 50 kHz～400 MHz、输出阻抗为 50 Ω 的信号加到小气候仪的电源线上并产生 1 V 有效电压值时，小气候仪应能正常工作。

4.9 环境适应性
4.9.1 工作环境
a) 室内部分
温度：5℃～40℃；

湿度：≤90%RH。

b) 室外部分

温度：-20℃～50℃；

湿度：≤100%RH。

4.9.2 储运环境

温度：-55℃～60℃；

湿度：≤95%RH。

4.9.3 振动

应符合 GB/T 6587.4—1986 第1章"仪器的振动试验"Ⅱ组的要求。

4.9.4 冲击

应符合 GB/T 6587.5—1986 第1章"仪器的振动试验"Ⅱ组的要求。

4.9.5 运输

应符合 GB/T 6587.6—1986 表1中流通条件等级2级的要求。

4.10 可靠性

平均故障间隔时间（$MTBF$）≥2 500 h。

5 试验方法

5.1 组成

目测检验。

5.2 结构与外观

通过实际操作、目测或器具测量检查以及设计验证。

5.3 系统功能

在小气候仪处于正常运行状态下用目测或实际操作检查。

5.4 性能

5.4.1 气温

5.4.1.1 测试设备

a) 标准器：标准温度计，测量范围：-20℃～80℃，最大允许误差：±0.06℃；

b) 低温槽，测量范围：-20℃～15℃，温度波动度：±0.01℃（15 min），温度均匀度：水平方向 ≤0.01℃，垂直方向≤0.02℃；

c) 标准水槽，测量范围：10℃～80℃，温度波动度：±0.01℃（15 min），温度均匀度：水平方向 ≤0.01℃，垂直方向≤0.02℃。

5.4.1.2 测试方法

气温传感器的测试点为-20℃、-10℃、0℃、10℃、20℃、30℃、40℃和50℃。

当槽内温度达到测试点并稳定 10 min 后方可读数；在每个测试点上，每间隔 1 min 读一次标准器和数据采集器上相应的温度显示值，连续读取四次；用标准器四次示值的平均值加上修正值作为标准值，用被测温度传感器四次示值的平均值减去标准值作为该测试点上的示值误差；给出各测试点上的示值误差值，取其中最大值作为评定依据。

5.4.2 相对湿度

5.4.2.1 测试设备

a) 二等数字式标准通风干湿表，测量范围：10%RH～100%RH，最大允许误差：±2%RH；

b) 湿度检定箱，湿度调节范围：20%RH～100%RH，湿度场的不均匀性：≤1%RH，湿度控制的不稳定性：≤1.5%RH。

GB/T 20524—2006

5.4.2.2 测试方法
a) 测湿传感器的测试点升湿过程为20%RH、30%RH、50%RH、70%RH、90%RH、98%RH,降湿过程为98%RH、90%RH、70%RH、50%RH、30%RH、20%RH;各测试点允许±2%RH的差值。
b) 在升湿过程中不能有降湿趋势,在降湿过程中不能有升湿趋势。
c) 在室内工作环境条件下各湿度测试点经10 min稳定后读数,用数据采集器上的湿度示值减去标准器的示值得出示值差值,计算出各测试点上正反行程时的示值差值的平均值。

用全量程中各测试点上示值差值的平均值中的最大值作为评定依据。

5.4.3 土壤温度
土壤温度传感器的测试点为−20℃、−10℃、0℃、10℃、20℃、30℃、50℃和80℃。
测试设备和测试方法同5.4.1。

5.4.4 风速
5.4.4.1 测试设备
a) 二等标准微(差)压计,最大允许误差:±0.8 Pa;
b) 皮托管,$\beta \leqslant 1.005$;
c) 电子微风仪;
d) 风洞;
e) 气压表、气温表和相对湿度表。

5.4.4.2 测试方法
a) 起动风速测试,把风速传感器按使用状态安装在风洞内,在风杯处于任一静止状态下,启动风洞风机控制开关,使风速以0.1 m/min的速度增大,当风杯开始启动并连续旋转时的最低风速值,即为起动风速;按以上方法重复测试3次,取其中的最大值与电子微风仪示值比较结果作为评定依据。
b) 依次测试1 m/s、2 m/s、5 m/s、10 m/s、15 m/s 5个检定点,每个检定点稳定2 min后读数,重复3次,求出算术平均值,其值与风洞实际风速值进行比较,计算出差值应符合4.4.4的要求。
c) 抗风强度测试,风速传感器固定在风洞中,风速逐步升到25 m/s,稳定1 min,风速传感器不断裂,不损坏。

5.4.5 雨量测试
5.4.5.1 测试器
a) 313.16 mL标准球,最大允许误差:±0.05 mL;
b) 942.48 mL标准球,最大允许误差:±0.16 mL;
c) 计时器。

5.4.5.2 测试方法
a) 测试在10 mm降雨量上进行:降雨强度分别为0.5 mm/min、4 mm/min,用314.16 mL的标准球向雨量传感器承水口注水,注水速度分别按0.5 mm/min、4 mm/min降雨强度进行,记录数据采集器上的雨量示值;每种降雨强度测试三次,用三次示值的平均值减标准球的标准值作为该降雨强度的示值差值,用两种降雨强度示值差值的较大值作为最大允许误差。
b) 测试在30 mm降雨量上进行:降雨强度分别为1 mm/min、4 mm/min,测试方法同本条a)。

5.4.6 光合有效辐射
5.4.6.1 测试设备
a) 光源;
b) 数字电压表(5位半或5位半以上)。

5.4.6.2 试验方法
用光源在不同距离照射光合有效辐射传感器,用数字电压表测出输出电压值,然后用此电压值除以每支表给定的灵敏度,得出其辐射量值,此值和仪器显示值进行比较得出差值。

5.4.7 总辐射

5.4.7.1 测试设备

a) 光源;

b) 数字电压表(5位半或5位半以上)。

5.4.7.2 测试方法

用光源在不同距离照射总辐射传感器,用数字电压表测出输出电压值,然后用此电压值除以每支表给定的灵敏度,得出其辐射量值,此值和仪器显示值进行比较得出差值。

5.5 电气安全性

按 GB/T 6587.7—1986 第3章规定的试验方法进行。

5.6 时钟走时最大允许误差

以中央报时电台或卫星导航天文时为标准,小气候仪连续运行30 d后,检查时钟定时最大允许误差。

5.7 电源适应性

5.7.1 交流供电

按 GB/T 6587.8—1986 第2章规定的试验方法进行。

5.7.2 直流供电

隔断交流电120 h,检查蓄电池组的供电情况。

5.8 电磁兼容性

a) 电源瞬态敏感度:按 GB/T 6833.4 的有关规定进行;

b) 传导敏感度:按 GB/T 6833.6 的有关规定进行。

5.9 环境适应性

5.9.1 高温试验

5.9.1.1 试验设备

高、低温试验箱。

5.9.1.2 试验方法

小气候仪置于高、低温试验箱内,使之处于正常运行状态,将温度以不超过1℃/min的速度升到40℃,保持恒温8 h(此间小气候仪处于正常运行状态),关闭试验箱及小气候仪,自然恢复8 h后,重新检验小气候仪运行情况。

5.9.2 低温试验

5.9.2.1 测试设备

高、低温试验箱。

5.9.2.2 试验方法

将小气候仪的主机置于试验箱A内,将小气候仪的传感器部分置于试验箱B内,将试验箱A的温度以不超过1℃/min的速度降到5℃,将试验箱B的温度以不超过1℃/min的速度降到−20℃,两个试验箱分别保持恒温8 h,关闭试验箱A、B,自然恢复8 h后,重新检验小气候仪运行情况。

5.9.3 湿热试验

5.9.3.1 试验设备

高低温湿热环境试验设备。

5.9.3.2 试验方法

小气候仪置于高低温湿热环境试验设备内,使之处于正常运行状态,将温度以不超过1℃/min的速度升到35℃,湿度升至90%RH,保持恒温恒湿8 h;将温度降至室温,湿度降至70%RH,关闭试验箱及小气候仪,自然恢复8 h后,重新检验小气候仪运行情况。

GB/T 20524—2006

5.9.4 振动试验
按 GB/T 6587.4—1986 中 3.1～3.5 的要求进行试验。

5.9.5 冲击试验
按 GB/T 6587.5—1986 中 3.1～3.3 的要求进行试验。

5.10 可靠性试验
按 GB/T 11463 定时截尾试验方案 1-2 进行。

5.11 包装与标志
内包装按 GB/T 4857.3—1992 第 5 章试验程序试验确定，其余用目测或器具进行检查。

6 检验规则

6.1 检验分类
本标准规定的检验分类如下：
a) 鉴定检验；
b) 质量一致性检验。

6.2 检验项目
检验项目见表1。

表 1 检 验 项 目

序号	检 验 项 目	要求章条号	试验方法章条号	鉴定检验	质量一致性检验		
					A组	B组	C组
1	组成	4.1	5.1	●	●		
2	结构与外观	4.2	5.2	●	●		
3	系统功能	4.3	5.3	●	●		
4	性能	4.4	5.4	●	●		
5	电气安全性	4.5	5.5	●		●	
6	时钟走时最大允许误差	4.6	5.6	●		●	
7	电源适应性	4.7	5.7	●		●	
8	电磁兼容性	4.8	5.8	●			○
9	环境适应性	4.9	5.9	●			●
10	可靠性	4.10	5.10	●			○
11	包装与标志	7	5.11	●		●	
注：●表示必检项目；○表示生产方与使用方协商检验项目。							

6.3 鉴定检验

6.3.1 检验时机
鉴定检验在下列情况下进行：
a) 新产品定型时；
b) 定型产品的结构、制造工艺、材料及元器件有较大改变，可能影响产品的性能时；
c) 停产两年以上再生产时；
d) 质量一致性检验结果与上次鉴定检验有较大差异时；
e) 国家质量监督机构提出进行鉴定检验的要求时。

6.3.2 检验项目和顺序

检验项目和检验顺序若无使用方与生产方的特别约定,按表1的顺序进行。

6.3.3 受检样品数

由生产方和使用方协商确定,一般不超过3台。

6.3.4 合格判定

受检样品全部合格时应判产品鉴定检验合格,否则判不合格。若出现不合格项时,经整修重新检验合格后,也可判定为合格。否则,判不合格。

6.4 质量一致性检验

6.4.1 检验分组

a) A组检验:为证实产品是否符合标准要求,对一个检验批中的全部产品进行的非破坏性检验;
b) B组检验:比A组检验复杂或需要时间的一种非破坏性检验;
c) C组检验:在模拟条件下,定期检验与产品设计和材料有关特性的周期性破坏性检验。

6.4.2 检验项目

检验项目见表1。

6.4.3 组批规则

一个检验批可由一个生产批构成,也可由一个符合下列条件的几个生产批构成:

a) 这些生产批是在基本相同的材料、工艺、设备等条件下制造出来的;
b) 若干个生产批构成一个检验批的时间一般应不超过一个月。

6.4.4 A组检验

6.4.4.1 受检样品数

全数检验。

6.4.4.2 合格判定

按表1规定的项目进行A组检验,无缺陷者判定为合格。若受检产品的任一项出现不合格,则判该产品为不合格品。

6.4.5 B组检验

6.4.5.1 样本大小

a) 一个检验批小于或等于10台时,样本为3台;3台及3台以下为全数检验。
b) 一个检验批大于10台时进行抽样检验。

6.4.5.2 抽样方案与合格判定

从A组检验合格的产品中进行B组计数抽样检验。其抽样方案和检查样本应符合GB/T 13264—1991的要求。其生产方风险质量、使用方风险质量和抽样方案由生产方和使用方协商确定。

6.4.6 C组检验

6.4.6.1

C组检验是一种破坏性试验,应由生产方与使用方协商确定,当使用方提出检验要求时,可与生产方协商进行检验。一般不超过3台。

6.4.6.2 抽样方案与合格判定

同B组。

7 包装与标志

7.1 包装

7.1.1 一般要求

应符合GB/T 15464—1995中4.1的要求。

7.1.2 防锈包装

产品包装前,对于产品的易锈部位,应涂防锈油脂等,并用防锈纸包敷,防锈期应不少于一年。

7.1.3 内包装

7.1.3.1 小气候仪除少数部件(如支架)采用简易包装外,均应采用防护包装。

7.1.3.2 地温传感器应采用全面缓冲包装,其专用包装箱(盒)内零部件安放部位应与其结构外形相适应,包装后应保证其不能自由活动,不受挤压,不致碰撞。

7.1.3.3 主机系统,应采用部分缓冲包装。

7.1.4 外包装

7.1.4.1 外包装箱应根据内包装箱尺寸和数量制做专用包装箱。

7.1.4.2 完成内包装的内包装箱(盒)装入外包装箱时,应采用角衬垫或侧衬垫的部分缓冲方法。

7.1.4.3 每一个外包装箱容纳内包装箱的件数,应根据内包装可堆码层数和尺寸确定。内包装箱堆码层数应按 GB/T 4857.3—1992 第 5 章试验程序试验后确定。

7.1.5 随机备件和文件包装

7.1.5.1 随机备件应视不同性质、不同形状进行不同的防护包装;随机文件应装入防潮袋;电缆不应与油脂物质接触。

7.1.5.2 完成防护包装后的备件和文件应装入外包装箱内的剩余空间。一套仪器有多个包装箱时,随机文件应装入主机箱内。

7.1.5.3 随机文件一般应包括下列各项:
  a) 装箱单;
  b) 产品出厂合格证明书;
  c) 产品使用说明书;
  d) 根护产品订货合同规定的其他文件。

7.2 标志

7.2.1 包装标志
  a) 产品型号、名称及质量;
  b) 箱体尺寸;
  c) 质量;
  d) 装箱日期;
  e) 到站(港)及收货单位、人;
  f) 其他。

7.2.2 产品标志
  a) 产品型号及名称;
  b) 制造单位或商标;
  c) 制造日期或编(批)号;
  d) 其他。

7.2.3 图示标志

包装储运图示标志应符合 GB/T 191 的有关规定。

7.2.4 国家生产许可证标识

对获得国家生产许可证的小气候仪,随机文件或包装箱上应注明生产许可证的编号等标识。

8 运输、贮存、堆码

8.1 运输
包装后的小气候仪可用常规运输工具运输,运输过程中应避免雨雪直接侵袭。

8.2 贮存
小气候仪应贮存在优于 4.9.2 规定的环境条件下,并不得有腐蚀性挥发物存在。

8.3 堆码
小气候仪外包装件堆码层数应按 GB/T 4857.3—1992 第 5 章试验程序试验后确定。

ICS 07.060
A 47

中华人民共和国气象行业标准

QX/T 31—2005

气象建设项目竣工验收规范

Specification for assessing and accepting the completed meteorological construction project

2005-10-31 发布　　　　　　　　　　　　　　　2005-12-01 实施

中国气象局　　发布

QX/T 31—2005

前　言

本标准根据近几年来气象建设项目的实践和未来气象建设项目竣工的需要,参照 GB/T 50326—2001《建设工程项目管理规范》的规定编制。

本标准的附录 A、附录 B、附录 C、附录 D、附录 E、附录 F 都是规范性附录。

本标准由中国气象局提出。

本标准由中国气象局政策法规司归口。

本标准起草单位:中国气象局计划财务司。

本标准主要起草人:刘扬、郑荣然、潘正林、李毅、陈昭艳。

本标准为首次发布。

引 言

为适应社会主义市场经济体制和气象事业快速发展的需要,认真贯彻增收节支的方针和国务院提出的建设节约型社会的要求(国发[2005]21号),进一步做好气象建设项目资金的监督管理工作,强化气象建设项目支出预算及财务管理,提高气象建设项目资金的使用效益,根据国家有关规定,结合气象部门的实际,制定本标准。

本标准是以国家和有关气象建设项目财务管理的法律、法规、方针、政策为基础,将中国气象局以往下发的有关气象建设项目管理办法、项目库暂行规定和项目执行检查办法等规定进行分析的基础上提出的。通过实施本标准,将使气象部门建设项目的管理更加科学化、规范化和标准化。气象建设项目竣工验收规范化、标准化管理有利于合理组织气象建设项目资金供应,有利于降低建设成本、节约资金,有利于保证工程质量,有利于监督检查,有利于提高项目建设投资效益,有利于全面了解各类项目的执行情况,提高项目的决策水平和管理水平。

本标准为气象行业标准,不违背现行相关法律、法规和强制性标准。气象建设项目管理在竣工验收时除应遵守本标准外,还应符合国家法律、行政法规以及有关强制性标准的规定。

QX/T 31—2005

气象建设项目竣工验收规范

1 范围

本标准规定了气象建设项目竣工验收的依据、要求、验收工作的组织，验收程序和内容、竣工决算的编制和对竣工验收文件的要求。

本标准适用于使用国家或地方财政资金以及使用其他资金的气象建设项目的竣工验收工作。

2 规范性引用文件

下列文件中的条款通过本标准的引用而成为本标准的条款。凡是注日期的引用文件，其随后所有的修改单（不包括勘误的内容）或修订版均不适用于本标准，然而，鼓励根据本标准达成协议的各方研究是否可使用这些文件的最新版本。凡是不注日期的引用文件，其最新版适用于本标准。

GB/T 50326—2001 建设工程项目管理规范

DA/T 28—2002 国家重大建设项目文件归档要求与档案整理规范

3 术语和定义

下列术语和定义适用于本标准。

3.1

气象建设项目 meteorological construction project

使用国家或地方财政资金以及使用其他资金用于气象建设项目。

3.2

大中型项目 large - or medium-scale project

总投资额在3000万元及以上的气象建设项目。

3.3

小型项目 small-scale project

总投资额在3000万元以下的气象建设项目。

3.4

限额 quota

基本建设投资的规定数额。

本标准所适用的限额为1000万元。

3.5

工程价款结算 project price settlement

对建设工程的发承包合同价款进行约定和依据合同约定进行工程预付款、工程进度款、工程竣工价款结算的活动。

3.6

竣工财务决算 financial settlement of the completed project

凡是新建、改建和扩建或单项工程，在工程竣工后，必须由建设单位编制向上级主管部门报告建设成果和财务状况的总结性文件，该文件作为办理交付使用、正确核定新增固定资产价值、考核建设成本的依据。

3.7
验收准备 preparation for project assessment and acceptance

建设项目竣工验收前，以建设单位为主，组织施工单位、设计单位、勘察单位、监理单位和审计单位、质检单位为竣工验收做的准备工作。

3.8
预验收 pre-assessment and acceptance

在验收准备工作的基础上，由建设单位组织设计单位、施工单位、监理单位、审计单位、使用单位及有关单位进行的验收工作。

3.9
正式验收 official project assessment and acceptance

竣工验收三个阶段的最后阶段，其验收内容与 3.11 的竣工验收相同。

3.10
单项验收 assessment and acceptance of project item

整个项目工程中一个独立的项目或工程已按设计要求建设完成，并能满足用户要求或具备运行条件，且实施单位和监理工程师已初验通过，在此条件下进行的验收。

3.11
竣工验收 assessment and acceptance of completed project

气象建设项目完工后，按照规定的程序和要求，由主管部门组织进行的整体验收。

4 竣工验收的内容

4.1 项目的完成情况
项目建设总体完成，是否按批准的可行性研究报告和初步设计的内容建成，并具备交付使用条件。少量不影响整体使用的未完成的附属项目应具有未完成一览表，包括工程量、预算造价、完成时间等。

4.2 项目质量
项目质量是否达到设计质量要求和标准，并具有包括由质检、环保、消防、安全、劳动、卫生和土地等部门的鉴定意见，其中不能提供鉴定意见的应具有原因说明材料。

4.3 项目技术性能
设备或业务系统的性能指标是否达到设计和合同指标要求，满足业务运行需求，安全性、可靠性和经济性应达到设计要求。

4.4 运行准备情况
试运行情况是否达到正式业务运行要求，各项管理制度、运行规程已建立，人员及技术保障能力满足要求。

4.5 用户使用情况
项目是否交付用户使用且应能满足用户要求。

4.6 项目资金到位及使用情况
资金到位及使用是否符合国家有关投资、财务管理规定，项目建设资金实际落实情况，资金支出范畴及结构情况，项目资金管理情况以及各项支出的合理性。

4.7 项目投资使用及效益分析
包括投资估算、设计概算、施工图预算、竣工结算、财务决算、投资效益分析、经费使用自查情况。

4.8 固定资产
固定资产登记造册，固定资产构成情况，并附有固定资产交接表、固定资产证书，编制固定资产卡。

4.9 档案资料
建设项目档案资料是否齐全，并装订成册，且按档案管理规定存档。

QX/T 31—2005

4.10 项目组织管理情况及其他需要验收的内容

5 竣工验收工作的组织

5.1 大中型气象建设项目

由国家级主管部门(国家发展和改革委员会、财政部、科技部)组织或由其委托有关部门组织验收。

5.2 限额及限额以上小型建设项目

由国务院气象主管机构或由其委托有关部门组织验收。

5.3 限额以下建设项目

由省级气象部门或地方主管部门组织验收，也可由其委托有关部门组织验收，具体额度和范围由省级气象部门自行制订。视情况中国气象局也可对此类项目组织验收。

5.4 竣工验收工作受理部门

由气象主管部门组织的项目竣工验收工作，均由其相应的计划财务管理机构负责受理竣工验收申请和组织开展竣工验收工作。

6 竣工验收工作的依据

6.1 气象建设项目竣工验收应以相关文件、标准、规范和合同资料为主要依据。应包括：上级主管部门批准的项目建议书、可行性研究报告、初步设计（或实施方案），建设项目总概算、年度投资计划，设计变更报告及核定单、建设单位现场签证、概算调整，招投标文件、施工合同、建设项目财务决算报告、建设项目竣工结算审计报告、开工报告批准书以及其他文件和规定。

6.2 气象建设项目的设计文件。应包括：施工图纸、设计说明书、竣工图纸、设计变更签证，各种设备、产品、材料的技术说明书及相关资料。

6.3 现行国家、行业技术标准、规范及相关技术文件。

6.4 建设项目的勘察、设计、施工、监理、设备、材料的招投标文件及其合同。

6.5 引进技术或成套设备还应出具国外提供的相关文件资料。

7 竣工验收的工作程序

7.1 竣工验收工作程序分验收准备、预验收和正式验收三个阶段。

7.2 视建设项目的规模大小、复杂程度可分为单项验收和项目的全部验收。

7.3 单项验收是整个项目全部验收的组成部分，也可视为全部验收的验收准备和预验收工作。单项验收时，要填写单项验收鉴定书（格式见附录C）。

7.4 验收准备

由建设单位组织施工、设计、勘察、监理、审计、质检等单位，做好下述验收准备工作：

7.4.1 核实项目的完成情况，列出已完成工程和未完成工程一览表（包括工程量、预算造价、完成时间）。

7.4.2 提出竣工决算报告。

7.4.3 检查建设项目质量，查明须返工或修补的工程，提出竣工时间。

7.4.4 收集、整理、汇总建设项目的档案资料，分类编目，绘制好工程竣工图，并装订成册。

7.4.5 登载固定资产，编制固定资产构成分析表。

7.4.6 落实项目投入使用的准备工作，提出业务试运行考核情况报告。

7.4.7 业务项目在正式验收前应通过有关部门（一般为上级业务主管部门）的业务验收，并提交业务测试报告、运行情况报告和业务验收报告。

7.4.8 编写竣工验收报告。

7.5 预验收

7.5.1 验收准备完成后,进行预验收。
7.5.2 检查、核实竣工项目准备移交使用单位的所有档案资料的完整性、准确性和符合档案归档要求的情况。
7.5.3 核查项目建设标准和项目质量是否符合相关标准、设计文件,对存在的隐患和遗留问题提出处理建议。
7.5.4 检查财务账表是否齐全、数据是否真实、开支是否合理,是否符合国家相关规定。
7.5.5 检查试运行情况和投入业务使用准备工作的进展情况。
7.5.6 协调项目各有关单位,排除存在的争议问题。
7.5.7 督促返工工程、补做工程、收尾工程的完工。
7.5.8 填写预验收确认书(格式见附录B)。
7.5.9 编写项目竣工预验收报告和移交业务使用准备情况报告。

7.6 正式验收

7.6.1 预验收合格后,项目建设单位填报竣工验收申请书(格式见附录A),向上级主管部门提出正式验收申请,经审核后,组织进行正式验收。
7.6.2 视建设项目的重要性、规模大小和隶属关系组成验收委员会(或验收组)进行正式验收。在进行正式验收时,对已进行单项验收合格的项目可以将单项验收报告作为正式验收附件。
7.6.3 竣工验收委员会(或验收组)应由上级主管的计划财务管理部门、业务管理部门、审计部门、档案管理部门、资产管理部门、投资方、业务使用单位的人员组成;土建工程的竣工验收委员会(或验收组)还应当包括地方质检、环保、劳动、消防、人防、防雷及其他有关部门的人员。接管(使用)单位、施工单位、勘察单位、监理单位、设计单位人员应参加验收工作。
7.6.4 竣工验收委员会(或验收组)的主要工作职责是:
7.6.4.1 审查项目是否达到竣工验收、交付使用的要求。
7.6.4.2 听取并审查项目建设情况报告、预验收鉴定报告、投资使用情况报告(概预决三算分析、效益分析)、用户检查使用情况报告、档案归档情况报告、审计报告等方面的工作报告。
7.6.4.3 审查各种档案资料,如项目的可行性研究报告、设计文件、概(预)算、有关项目建设的重要会议记录以及各种合同、协议、工程技术经济和管理档案等,审议通过建设单位提出的竣工报告(包括相应附件),审查建设项目竣工结算报告和建设项目财务决算报告。
7.6.4.4 检查工程施工情况,审查设计、施工质量。对项目主要建筑工程,主体设备和公用设施进行复验,审查试运行规程,检查试运行准备工作,监督检查业务使用系统的全部带负荷运转工作情况;检查准备工作,考核试运行情况和实际形成的能力,确定正式交付使用的日期。
7.6.4.5 处理验收交接过程中出现的有关问题,对未完工的部分收尾工程,审查其内容、数量、投资和完成期限,由建设单位负责完成,这部分实际投资可依据具体情况进行结算,直接列入竣工决算。
7.6.4.6 审核检验建设单位整理完的工程建设文件和技术档案。核定移交工程清单,签订交工验收证书;审查技术经济指标对比分析报告。
7.6.4.7 签订竣工验收鉴定书(格式见附录D)。
7.6.4.8 编写竣工验收工作总结报告。

8 申请竣工验收的项目必备条件与时间要求

8.1 申请竣工验收的项目必备条件

8.1.1 完成批准的可行性研究报告、初步设计和投资计划文件中规定的各项建设内容。
8.1.2 建设项目竣工验收条件按项目类别不同而有所区别。
8.1.2.1 基础设施类建设项目
　　基础设施类建设项目已按设计要求建成,能够投入使用。必要的环境保护设施,劳动安全、卫生设施,消防设施、人防设施等配套建设内容已按设计要求建成并达到国家和地方规定的要求。对特殊项目还应有电磁影响报告、地质灾害报告、防雷工程与检测报告等。

8.1.2.2 业务类建设项目

a) 业务类建设项目的主要设备和配套设备经试运行合格,形成业务能力并能够提供设计文件所规定的产品。
b) 具有完整的测试大纲、测试方案、测试数据、分析各项测试结果后形成的测试报告,建设单位通过内部的测试和检查,确认业务系统已达到原设计要求和技术标准。
c) 业务试运行时间达到规定时限的要求,且运行情况正常。
d) 对建设项目中还存在少量未解决的问题,但不影响正常业务的,可以进行验收,但要限期解决。
e) 通过业务验收,投入业务运行的准备工作能适应投入业务运行的需要。
f) 从国外引进新技术或进口设备的项目以及中外合资、合作建设的项目,应先按照签订的合同规定的设计文件、技术标准进行验收。

8.1.3 其他条件

8.1.3.1 建设项目设计质量、施工质量及主要设备质量已经有关的质量监督部门检验并作出合格评定。

8.1.3.2 建设项目的竣工决算已通过社会中介机构或部门的审核(计)。

8.1.3.3 建设项目的档案资料齐全、完整,符合国家有关建设项目档案验收规定。

8.2 申请竣工验收的时间要求

8.2.1 建设项目工程全部完成并符合竣工验收工作条件的,应及时组织验收。建设项目竣工验收期限的确定,应当在主要设备已安装配套,经调试合格并经试运行,符合有关专业技术标准和技术规范要求,能正常投入业务使用时,申请办理竣工验收手续;土建工程应在竣工后的3个月内申请办理竣工验收手续。办理竣工验收确有困难的,经验收主管部门批准可适当延期。

8.2.2 验收受理部门在规定期限内对收到的竣工验收申请予以答复,并尽快组织验收。

8.2.3 已基本符合竣工验收工作条件的建设项目,如果只是零星土建工程和少数非主要设备未按项目设计规定的内容全部建成,但不影响项目的正常使用或运行,则应按8.2.1规定时限办理竣工验收手续。对未完工程应按照项目设计留足投资,限期完成。

8.2.4 已经形成部分业务能力或实际上已经使用的建设项目或单项工程,近期不能按照原设计规模续建的,应从实际出发,缩小规模,报上级主管部门批准后,对完成的工程或安装的设备,及时组织验收,移交固定资产。

9 竣工财务决算的编制

9.1 竣工财务决算应包括从筹建到竣工投产过程的全部实际支出费用,即建筑工程费用、安装工程费用、设备工器具购置费用、技术开发费用和其他费用。

9.2 竣工决算应由竣工财务决算报表、竣工财务决算报告书、项目资金来源应用情况、工程造价比较分析4个部分组成。

9.3 建设项目在办理竣工验收手续之前应对所有财产和物资进行清理,按要求编制建设项目竣工财务决算报表,分析概(预)算的执行情况,考核投资效果。

9.4 建设项目竣工财务决算报表应按财务管理的有关规定报上级主管部门审查。

9.5 建设项目经竣工验收后,应及时办理固定资产移交手续,一般在3个月内完成。

10 竣工验收的主要文件

10.1 竣工验收工作形成的主要报告性文件包括项目建设情况报告、技术测试报告、用户使用情况报告、项目投资使用情况报告、财务决算报告、竣工结算审核报告、财务决算审计报告和竣工验收鉴定书。

10.2 项目建设情况报告中应概要说明项目建设过程,提供项目工程的质量、环保、消防、劳动、安全、卫生和土地使用的评定意见,相关单位与负责人应签章。

10.3 技术测试报告应反映建设项目(主要技术设备、业务系统)的主要技术性能指标,存在的主要问题,负责测试的单位与人员应签章。

10.4 用户使用情况报告应反映用户实际使用的情况、满意程度和存在问题,使用单位和负责人应签章。

10.5 项目投资使用情况报告应反映建设项目工程预算执行情况及工程结算、竣工决算的审查意见和项目的经济效益分析情况。

10.6 竣工验收鉴定书应就整个建设项目的建设情况、工程质量、技术性能、财务情况、档案资料、经济效益等给出综合性鉴定意见,对存在的问题应如实反映并提出处理意见。

10.7 竣工验收鉴定书是建设项目建成后在验收阶段由验收委员会(或验收组)集体作出的对建设项目的评价性、结论性文件,应由验收委员会(或验收组)成员签名。

11 竣工验收不合格的建设项目处理

11.1 对于竣工验收不合格的建设项目,验收委员会(或验收组)应明确通知项目建设单位,限期整改,整改完成后再作验收鉴定。

11.2 竣工验收不合格的建设项目,且已既成事实无法整改的,应由建设单位与施工单位按合同协商解决。协商不一致的,建设单位或施工单位可以向有管辖权的人民法院提起诉讼。

12 档案管理

12.1 气象建设项目档案是指项目在立项、征地、规划许可、审批、招投标、承包合同、勘察、设计、施工、监理、设备配置、调整测试、技术开发、质量检验评定、竣工验收、财务管理及固定资产移交等全过程中形成的文字、图表、声像等形式的全部文件资料。

12.2 项目建设单位负责项目文件的收集、整理和建档工作,项目文件资料收集要达到完整、齐全、准确、系统的要求。

12.3 竣工验收通过后,所有文件资料按档案分级管理的规定,向有关档案管理部门移交,严格履行档案交接手续。

附 录 A
（规范性附录）
气象建设项目竣工验收申请书

气象建设项目竣工验收

申 请 书

申请单位(公章)：_____

申请验收项目名称：_____

申请日期：_____年_____月_____日

建议验收日期：_____年_____月_____日

建设项目	法人单位	
	名　称	
	地　址	
	项目总投资	批准总投资：　　　　　　　实际总投资：
	规　模	建筑单体＿＿＿＿栋(座)；总建筑面积＿＿＿＿ m²； 总占地面积＿＿＿＿ m²。 设备台(套)： 配套设施：

设计单位	名　称			
	地　址		邮政编码	
	资质证编号		资质等级	
	联系人		联系电话	

施工单位	名　称			
	地　址		邮政编码	
	资质证编号		资质等级	
	联系人		联系电话	

监理单位	名　称			
	地　址		邮政编码	
	资质证编号		资质等级	
	联系人		联系电话	

审计单位	名　称			
	地　址		邮政编码	
	资质证编号		资质等级	
	联系人		联系电话	

QX/T 31—2005

建设项目审批有关文件		
建设项目主要文件名称	审批文号	批准时间

建设项目预验收情况
申请单位(公章)：　　　　　经办人：　　　　　　年　月　日
附件：

附 录 B
（规范性附录）
气象建设项目预验收确认书格式

气象建设项目
预验收确认书

单项工程名称：

总工程项目名称：

项目法人单位：

上级主管单位：

填表日期：　　　　　　　年　月　日

中国气象局编制

预验收确认书内容基本要求：

一、编写说明

1. 本确认书由项目法人单位负责编写。

2. 上级主管单位指项目法人单位的上级主管法人单位。

3. 进行全部项目预验收时,单项工程名称可以不填;对单项工程进行预验收时,除填写单项工程名称外,还应填写总工程项目的名称。

4. 开工、完工日期是指所验收的项目(验收的是单项工程项目就填写单项工程项目,若验收的是总工程项目就填写总工程项目)的开工、完工日期。

5. 本确认书所列内容要求必须填写完整、真实。

二、前言(主持预验收单位、参加单位、预验收时间、地点等)

三、项目概况

1. 建设项目名称及建设地点;

2. 项目设计、施工、监理、使用等单位;

3. 建设项目主要技术指标、要求;

4. 项目建设实施过程简要情况(包括准备阶段、开工日期、完工日期,工程量、主要技术措施及效果,可以借鉴的经验等);

5. 项目监理情况。

四、质量事故及缺陷处理

五、施工达标自检情况说明(由施工单位根据自检统计情况填写)

六、项目质量达标监理情况说明(由监理单位根据监理抽检统计填写)

七、质量评定说明(主要单项工程个数和优良品率、质量等级等情况)

八、存在问题及处理意见

九、验收结论

十、其他需要说明的事项

十一、保留意见(含保留意见人签字)

十二、存在问题处理记录(实施单位处理情况和验收意见、验收日期)

十三、附件目录

预验收成员名单

姓　　名	单　　位	职称/职务	签　　名	备　　注

附 录 C
（规范性附录）
气象建设项目单项验收鉴定书格式

气象建设项目
单项验收鉴定书

单项工程项目名称：

总工程项目名称：

项目法人单位：

填表日期： 年 月 日

中国气象局编制

单项验收鉴定书内容编写要求：
一、前言(主持验收单位、参加单位、验收时间、地点等)
二、项目概况
   1. 建设项目名称及建设地点；
   2. 项目设计、施工、监理、使用等单位；
   3. 建设项目主要技术指标、要求；
   4. 项目建设实施过程简要情况(包括准备阶段、开工日期、完工日期,工程量、主要技术措施及效果,可以借鉴的经验等)；
   5. 项目监理情况。
三、验收的单项建设项目名称、范围和内容
四、与整个工程项目及相关项目的关系
五、项目质量鉴定
六、对项目建设和使用的建议、意见
七、存在问题及处理意见(包括处理方案、技术要求、技术措施、责任单位,完成时间和复验责任单位等)
八、鉴定结论
九、单项工程项目验收小组成员名单签字表
十、附件
   1. 提交验收小组的资料目录；
   2. 提交验收备查资料目录；
   3. 预验收签证书目录；
   4. 保留意见(含保留意见人签字)；
   5. 其他材料。

QX/T 31—2005

附 录 D
（规范性附录）
气象建设项目竣工验收鉴定书格式

气象建设项目
竣工验收鉴定书

建设项目名称：

项目法人单位：

主持验收单位：

填表日期：　　　　　　　　　年　月　日

———————————————

中国气象局编制

竣工验收鉴定书内容基本要求：

一、编写说明

1. 本鉴定书由项目鉴定组织单位负责编写。

2. 本鉴定书所列内容必须完整真实。

二、建设项目概况

1. 项目名称、所属单位和位置（要表述清楚）。

2. 项目主要建设内容：包括批准机关单位及文号，项目建设标准、技术要求，批准的建设期限，项目总投资及投资来源，要求叙述到单项工程项目。

3. 项目建设有关单位：应包括项目法人、设计、勘察、施工、监理，主要设备制造、安装、软件开发、咨询、质量监督、质量检测，使用等单位。

4. 项目建设过程：包括项目开工日期、完工日期，主要项目的建设情况，建设过程中发现的主要问题和处理情况，解决的主要技术难点。

5. 项目完成情况和主要工程量：竣工验收时对项目的总体形象面貌、实际完成的工程量与批准设计的工程量对比、主要工程量说明。

6. 其他需要说明的事项，如征地、人员安置、项目建设中的工伤事故等。

三、预算执行情况及分析：包括年度投资计划执行、预算及调整，竣工审计，竣工决算等。

四、单项工程验收、项目预验收及工程项目移交情况：包括验收时间、主持单位，遗留问题及处理情况。

五、项目初期运行及效益情况。

六、项目质量鉴定情况：包括单项工程、整体项目质量情况、项目质量鉴定等级。

七、存在的主要问题和处理意见。

八、验收结论：包括验收中遗留的具体问题，负责处理的责任单位、完成的时间、负责验收的单位，以及对项目存在问题的处理意见、解决办法的建议，对项目运行管理的建议等。

九、附件

1. 分发验收委员会委员的资料目录。

2. 验收委员个人保留意见（要有保留意见委员个人签名）。

参加验收单位代表签字

参加单位	单位名称	单位代表签字	联系方式
验收主持单位			
项目法人单位			
上级主管单位			
项目监理单位			
项目设计单位			
项目勘察单位			
项目施工单位			
质量监督单位			
项目使用单位			
竣工验收日期	年　月　日至　年　月　日		
竣工验收地点			

竣工验收委员会委员签字表

	姓　名	单位(全称)	职务/职称	签　名	备　注
主任委员					
副主任委员					
副主任委员					
委　员					
委　员					
委　员					
委　员					
委　员					
委　员					
委　员					
委　员					

附 录 E
（规范性附录）
竣工验收应提交的主要报告

E.1 《项目建设情况报告》内容提要

E.1.1 项目概况。

项目位置、项目布置，主要技术指标、主要建设内容，项目建议书、可行性研究报告、初步设计（或实施方案）等文件的批复过程等。

E.1.2 主要项目建设过程及重大问题处理情况。

主要项目及重要设施开工、完工日期，主要技术问题处理，重大设计变更及其对整个建设项目的影响等。

E.1.3 项目建设管理情况。

项目建设管理机构设置及工作情况。

主要工程、设备招投标情况。

项目预算与投资计划。要求能反映批准预算与实际执行情况，每年计划安排，投资来源及完成情况，预算调整的主要原因。

合同管理。应反映项目所采用的合同类型、合同执行结果。

系统集合。主要硬件设备、设施，采购供应情况，系统软件、主要应用软件开发，系统功能等情况。

道路、水、电、暖、气等设施建设、运行情况。

价款结算与资金筹措。应反映项目法人筹资方式、资金筹措对项目建设的影响、合同价款的结算方法和特殊问题的处理，以及至竣工验收时的款项拖欠情况。

竣工财务决算项目实际造价和投资成果，投资构成、工期、工程造价及概（预）算执行情况等。

项目管理的其他有关问题。

E.1.4 建设项目质量与技术性能。

说明项目建设是否达到可行性研究报告中提出的建设内容和建设目标，初步设计或技术设计等有关技术指标。

项目建设质量是否符合有关规定。建设项目质量包括工程的质量鉴定、环保、消防、劳动、安全、卫生和土地使用部门的评定意见，技术性能主要指设备或业务系统的技术性能指标，应达到设计指标要求，应能满足业务运行需求。

E.1.5 业务运行准备情况。

包括运行期间的故障发生情况，各项管理制度、运行规程的建立情况，业务运行人员和技术保障能力是否满足业务运行要求等情况。

E.1.6 预验收阶段和单项目工程验收情况和验收中提出的遗留问题处理情况等。

E.1.7 完工项目移交情况，尚存在的遗留问题及处理意见。

E.1.8 经验与建议

E.1.9 附件目录

E.1.10 主要图纸资料目录

如规划图、工程位置图、工程布局图，主要建筑物平面图、立面图、剖面图，道路、水、电、暖、气的总图、分布图、施工图，主要设备布局图、技术图纸资料（原理、安装、使用、维修等）、附件、主要软件等等。

QX/T 31—2005

E.2 《项目投资使用情况报告》内容提要

E.2.1 项目建设概况(包括项目名称、项目类别、建设规模、建设性质、建设期限、概算总投资、实际工期等);

E.2.2 项目建设、投资来源依据文件;

E.2.3 根据批准的有关项目设计、概算、计划等指标及投资说明;

E.2.4 项目实际投资的到位数情况(按年度说明历年下达计划额度和资金到位情况,历年投资完成和资金结余情况);

E.2.5 资金使用情况

说明项目总投资情况:从建筑工程投资、安装工程投资、设备投资、项目管理费、试验费、勘察设计费、软件开发和购置、培训费、其他投资等几方面分析说明;

E.2.6 建设项目开工日期和竣工日期发生的全部基本建设支出,包括形成资产价值的交付使用说明;

E.2.7 建设项目工程结算审核和竣工决算审计情况及其审查意见;

E.2.8 项目竣工决算情况;

E.2.9 项目的经济效益分析情况;

E.2.10 需要说明的其他事项;

E.2.11 附件:建设项目竣工财务决算报告。

E.3 《用户使用情况报告》内容提要

E.3.1 项目与所确定的建设目标和任务的比较情况

项目建设规模;

项目质量;

项目的进度。

E.3.2 使用过程中发现存在的问题

E.3.3 项目取得的成绩和效益

从用户角度对项目建设和取得的社会和经济效益等等方面进行详细的说明和评价。

E.3.4 解决存在问题的建议和意见

对项目建设中存在的问题,特别是遗留问题进行详细的说明,并提出具体的解决办法和建议。

E.4 《测试报告内容》内容提要

E.4.1 前言

测试的必要性和制订方案的目的;

测试方案的适用范围;

说明本测试方案适用于哪些系统或项目。

E.4.2 测试的技术依据、目标和内容

测试的技术依据,如国家和部门制定的标准或规范、本产品的功能规格书、系统设计书、承包合同书、协议书等;

简述本次测试要达到的目标;

测试项目的主要内容,简要列出主要的测试项目。

E.4.3 测试工作的组织和管理

测试工作的组织和领导;

测试组的职责和人员组成;

测试技术保障组的职责和人员组成;

149

测试的地点、时间。
E.4.4 测试文档管理
列出本次测试活动中的文档资料。
E.4.5 测试工作的技术报告
测试的总体情况；
测试的结论意见。
E.4.6 附件:测试记录

QX/T 31—2005

附 录 F
（规范性附录）
验收提供的资料参考目录

F.1 项目建议书及有关单位批文
F.2 建设项目可行性研究报告及有关单位批文
F.3 实施方案及有关单位批文
F.4 初步设计（或实施方案）和技术设计基础资料
F.5 项目建设中的有关咨询报告
F.6 项目建设中有关招投标文件
F.7 项目建设中有关合同及协议书文件
F.8 分部及单元建设质量评定资料
F.9 土建工程征用土地批文及附件
F.10 项目建设有关会议记录及有关批示文件
F.11 项目建设监理资料
F.12 施工图纸、设计变更、施工技术说明、竣工图纸
F.13 重大事故处理记录，重大事项记录
F.14 设备出厂有关技术资料，设备或业务项目软件的安装调试、性能鉴定资料
F.15 设备或业务项目测试验收报告及运行情况等资料
F.16 各种原材料的质量鉴定、检查验测资料
F.17 业务项目中开发软件的程序源代码、数据标准和格式、程序流程图和程序编译软件说明等资料
F.18 竣工财务决算报告及有关资料
F.19 竣工审计报告
F.20 项目建设中有关重大事件的声像资料
F.21 建设项目档案归档情况报告
F.22 建设项目质量评定报告
F.23 其他需要报告的事项

ICS 07.060
A 47

中华人民共和国气象行业标准

QX/T 32—2005

温度梯度自动测量仪

Temperature grads automatic measuring instrument

2005-12-21 发布　　　　　　　　　　　　　　2006-06-01 实施

中国气象局　　发布

QX/T 32—2005

前 言

本标准由中国气象局监测网络司提出,政策法规司归口。

本标准由河北省气象技术装备中心负责起草。

本标准主要起草人:李丰、刘文忠、李建明、甄树勇、玄伦韬、刘军。

QX/T 32—2005

温度梯度自动测量仪

1 范围

本标准规定了温度梯度自动测量仪（以下简称测量仪）的组成、技术要求、试验方法、检验规则、标志、包装、运输、贮存和成套性等。

本标准适用于温度梯度自动测量仪的设计、制造和产品验收等。

2 规范性引用文件

下列文件中的条款通过本标准的引用而成为本标准的条款。凡是注日期的引用文件，其随后所有的修改单（不包括勘误的内容）或修订版均不适用于本标准，然而，鼓励根据本标准达成协议的各方研究是否可使用这些文件的最新版本。凡是不注日期的引用文件，其最新版本适用于本标准。

  GB/T 2423.1 电工电子产品基本环境试验规程 试验 A：低温试验方法

  GB/T 2423.2 电工电子产品基本环境试验规程 试验 B：高温试验方法

  GB/T 2423.4 电工电子产品基本环境试验规程 试验 Db：交变湿热试验方法

  GB/T 2423.5 电工电子产品环境试验 第二部分：试验方法 试验 Ea 和导则：冲击

  GB/T 2423.10 电工电子产品环境试验 第二部分：试验方法 试验 Fc 和导则：振动（正弦）

  GB/T 3482 电子设备雷击试验方法

  GB/T 6587.6—1986 电子测量仪器 运输试验

  GB/T 6587.7—1986 电子测量仪器 基本安全试验

  GB/T 6587.8 电子测量仪器 电源频率与电压实验

  GB/T 11463 电子测量仪器可靠性试验

  GB/T 191 包装储运图示标志（eqv ISO 780：1997，GB/T 191—2000）

  JB/T 5750 气象仪器防盐雾、防潮湿、防霉变工艺技术要求

3 术语和定义

下列术语和定义适用于本标准。

3.1

温度梯度 temperature grads

指空气温度在垂直或水平方向上的分布。

3.2

温度梯度测量 temperature grads measurment

是对空气温度在垂直或（和）水平方向上分布的测量。

4 产品组成

测量仪主要由温度传感器、数据采集、通信接口和供电等单元组成。温度传感器可通过电缆与数据采集部分直接连接，也可通过室外接线盒与数据采集部分连接。

4.1 温度梯度传感器

测量温度在垂直或水平方向上分布的传感器。室外要加防辐射罩。

4.2 数据采集

数据采集指数据采集器，内含接口单元、中央处理单元、存储单元和显示单元等。若有室外接线盒，

则仍属数据采集部分。

数据采集器可以安装在室内，也可以安装在室外。安装在室外的应按室外环境要求设计和考核；安装在室内的应按照室内环境要求设计和考核。

4.3 通信接口

通信接口指完成数据传输功能单元，根据组网与远程通信要求，可采用有线、无线等方式。对单一站采用串行口直接传输。

4.4 供电单元

供电单元指支持测量仪工作的电力部分，内含蓄电池和充电器、充电电源。可采用市电、太阳能等。

5 技术要求

5.1 一般要求

5.1.1 外观、结构和工艺要求

5.1.1.1 外观应整洁，无损伤和变形，表面涂层无开裂、脱落等现象。

5.1.1.2 各零部件应安装正确，牢固可靠，符合产品图纸要求。

5.1.1.3 各零件应按 JB/T 5750 的有关规定进行防盐雾、防潮湿、防霉菌的处理。

5.1.1.4 电子线路板、接插件、电线电缆应焊接可靠，不应有虚焊、漏焊现象。

5.1.1.5 产品的标志和字符应清晰、完整、醒目。

5.1.2 传感器选型

5.1.2.1 选用的传感器应经行业主管部门列装或认可。

5.1.2.2 同样传感器应能互换。

5.2 功能要求

5.2.1 数据采样

温度的采样频率、采样方式、计算方法、极值挑取等应按气象行业统一规定进行。

5.2.2 数据存储功能

记录数据在未提取的情况下，应保存不少于一个月。

5.2.3 通信功能

对不同的站配备的通信单元，应完成相应的通信功能。

5.2.4 参数修改及查询功能

通过中心站的远程指令或本站采集器指令可修改时钟，查询一个月的历史整点温度，记录数据。

5.3 基本安全要求

应符合 GB/T 6587.7—1986 中 I 类安全仪器的规定。

5.4 测量性能

5.4.1 测量范围和最大允许误差

测量范围：−55℃～125℃。

分辨力：0.1℃。

最大允许误差：±0.2℃。

5.4.2 温度梯度传感器一致性要求

任意两个传感器之间相对误差≤0.2℃。

5.5 测量仪时钟准确度

月累计：±30 s。

5.6 测量仪功耗

数据采集器在联接上所有传感器后正常直流工作条件下的平均功耗应小于 5 W。

5.7 遥测距离

传感器与采集器的遥测距离不小于 200 m。

5.8 环境条件

5.8.1 温度和湿度

室内部分,温度:0～40℃;
　　　　　相对湿度:0～90%;
室外部分,温度:-40℃～50℃;
　　　　　相对湿度:0～100%。

5.8.2 振动

在非工作状态下,非包装状态的产品应能通过如下等级的正弦振动试验:
——频率范围:10 Hz～55 Hz;
——峰值加速度:10 m/s^2;
——扫频循环次数:5 次;
——危险频率持续时间:10 min±0.5 min。

5.8.3 冲击

在非工作状态下,非包装状态的产品应能通过如下等级的冲击试验:
——脉冲波形:半正弦波;
——峰值加速度:150 m/s^2;
——脉冲持续时间:11 ms±1 ms;
——冲击次数:6 个方向各 3 次。

5.8.4 运输

产品包装后应能通过 GB/T 6587.6—1986 中流通条件等级 2 级规定的各项试验。

5.9 电源适应性

5.9.1 电源电压和频率

应能通过 GB/T 6587.8 规定的有关试验。

5.9.2 允许停电时间不超过 72 h 的情况下,传感器部分和数据采集部分应能维持正常工作。

5.10 雷电冲击

在后备电源箱任一电源进线与地之间施加波形为 1.2/50 μs 峰值为 10 kV 的冲击电压全波,在相同极性下,实验 10 次,每次间隔 5 s,应无飞弧或击穿现象。试验结束后,电源能正常工作。

5.11 可靠性

平均无故障工作时间应不小于 2 500 h。

6 试验方法

6.1 试验环境条件

环境温度:15℃～35℃
相对湿度:45%～75%
大气压力:860 hPa～1 060 hPa。

6.2 试验仪器仪表

所用的试验仪器仪表和设备应满足本产品试验要求并在计量检定有效期内。

6.3 一般要求检查

6.3.1 外观、结构和工艺

目测检查,必要时可采用计量器具,应符合 5.1.1 的要求。

6.3.2 传感器选型
6.3.2.1 目测实物和检查温度传感器的随机文件,应符合5.1.2.1的要求。
6.3.2.2 传感器互换

任选两套测试合格的测量仪,将其同种温度传感器互换,采用静态准确度测试方法和数据处理方法,分别在−50℃、0℃、50℃的测试点上进行测试。应能满足5.4.1的要求。

6.4 功能要求检查
6.4.1 气象要素取样和预处理功能检查
查看随机软件说明文件,应符合5.2.1的要求。
6.4.2 数据储存功能检查
根据记录字节数及测量仪的存储容量计算数据储存功能,应符合5.2.2的要求。
6.4.3 通信功能测试
根据测量仪所配备的通信单元,进行实际模拟,应符合5.2.3的要求。
6.4.4 参数修改及查询功能测试
实际模拟,应符合5.2.4的要求。

6.5 基本安全检查
按GB/T 6587.7—1986的有关规定进行。

6.6 测量性能
6.6.1 测试装置
a) 铂电阻标准温度计,测量范围:−60℃～80℃,最大允许误差:±0.06℃。
b) 低温恒温槽,调温范围:−60℃～80℃;
　　　　　　　温度波动度:±0.01℃;
　　　　　　　温度均匀度:水平:≤0.01℃;垂直:≤0.02℃。
c) 冰点槽。

6.6.2 测试方法
测试点应根据标准器和恒温槽相应的测量范围选取,但至少应包括下列五个点:量程下限、量程上限、0℃、−20℃和30℃;

当槽内温度到达测试点并达到规定的稳定时间后方可读数;

在每个测试点上,每1 min读一次标准器和数据采集器上相应的温度示值,连续读取四次;

用标准器四次示值的平均值加上修正值作为标准值,用被测温度传感器四次示值的平均值减去标准值作为该测试点上示值误差值;

给出各测试点上的示值误差值;

用被测温度传感器在全量程各测试点的示值误差的最大值作为该被测温度传感器测量准确度的评定依据,应符合5.4.1的要求。

6.7 时钟准确度测试
以中央人民广播电台的对时信号为标准,仪器连续运行72 h,检查测量仪时钟准确度,应符合5.5的要求。

6.8 测量仪功耗测试
测量仪联接上所有温度传感器后,进入正常工作状态,断开市电,稳定30 min后,测量其1 h内的平均功率应符合5.6的要求。

6.9 遥测距离试验
传感器放在要素场不变的环境中,用不长于10 m的电缆将传感器与测量仪相连,记下各气象要素的观测数据,马上改用200 m的电缆将传感器与测量仪再相连,记下这时各气象要素的观测数据,二次观测数据的差值应不大于相应气象要素的观测分辨力。

6.10 环境适应性

6.10.1 低温试验
按照GB/T 2423.1的有关要求和方法进行。

6.10.2 高温试验
按照GB/T 2423.2的有关要求和方法进行。

6.10.3 交变湿热试验
按照GB/T 2423.4的有关要求和方法进行。

6.10.4 振动试验
按照GB/T 2423.10规定进行。试验结束后,测量仪结构无破裂、明显变形和松动等现象,通电后能正常工作。

6.10.5 冲击试验
按照GB/T 2423.5规定进行。试验结束后,测量仪结构无破裂、明显变形和松动等现象,通电后能正常工作。

6.10.6 运输试验
按照GB/T 6587.6—1986的有关规定进行,但不做翻滚试验。试验结束后,测量仪结构无破裂、明显变形和松动等现象,通电后能正常工作。

6.11 电源适应性试验

6.11.1 电源电压和频率试验
按GB/T 6587.8(具体要求)的有关规定进行。

6.11.2 允许停电时间试验
将市电连续关闭72 h,期间传感器与测量仪能正常工作。恢复市电后,能从测量仪完全地取出这72 h的温度观测数据。

6.12 雷电冲击试验
按GB/T 3482的有关规定进行。试验过程中,无飞弧或击穿现象,试验结束后,测量仪能正常工作。

6.13 可靠性试验
按照GB/T 11463定时定数截尾试验方案1-2进行,试验结果应符合5.11的要求。

7 检验规则

7.1 检验分类
本标准规定的检验分为:
a) 鉴定检验;
b) 质量一致性检验。

7.2 检验分组
本标准规定的鉴定检验和质量一致性检验均分为下列五个检验组:
a) A组检验:由外观检查、结构检查和基本安全试验等组成。
b) B组检验:以气象要素测量性能试验为主。
c) C组检验:含环境和电源适应性。
d) D组检验:含抗雷击适应性试验。
e) E组检验:指可靠性试验。

7.3 检验条件
7.3.1 常规检验在自然环境条件下进行,通常应符合以下条件:
温度:15℃~35℃;

相对湿度:45%～75%;

大气压力:850 hPa～1 060 hPa。

7.3.2 环境适应性试验应符合本标准的规定。

7.4 检验设备

承接方可使用自己的或质量监督机构批准的适用于本标准规定的检验要求的任何检验设备,这些设备应在检定有效期内。

7.5 检验项目

检验项目见表1。若合同或有关协议无另行规定,检验应按照表1的顺序进行。

表 1

序号	检验项目	鉴定检验	质量一致性检验	技术要求条文	试验方法条文
	A 组检验				
1	外观、结构和工艺要求	●	●	5.1.1	6.3.1
2	传感器选型	●	●	5.1.2	6.3.2
3	数据采样	●	●	5.2.1	6.4.1
4	数据存储	●	●	5.2.2	6.4.2
5	通信	●	●	5.2.3	6.4.3
6	参数修改及查询	●	●	5.2.4	6.4.4
7	基本安全	●	●	5.3	6.5
	B 组检验				
8	测试性能	●	●	5.4	6.6
9	时钟准确度	●	●	5.5	6.7
10	功耗	●	●	5.6	6.8
11	遥测距离	●	●	5.7	6.9
	C 组检验				
12	低温试验	●	○	5.8.1	6.10.1
13	高温试验	●	○	5.8.1	6.10.2
14	交变湿热试验	●	○	5.8.1	6.10.3
15	振动	●	○	5.8.2	6.10.4
16	冲击	●	○	5.8.3	6.10.5
17	运输	●	○	5.8.4	6.10.6
18	电源适应性	●	○	5.9	6.11
	D 组检验				
19	雷电冲击	●	○	5.10	6.12
	E 组检验				
20	可靠性	●	●	5.11	6.13
注:●表示必须进行检验的项目;○表示需要时进行检验的项目。					

7.6 缺陷的判定

本标准规定缺陷分致命缺陷、重缺陷和轻缺陷。

7.6.1 致命缺陷

对人身安全构成危险或严重损坏测量仪基本功能的缺陷应判为致命缺陷。

7.6.2 重缺陷

下列性质的缺陷应判为重缺陷:

a) 检测的性能特性的误差超过规定的范围;

b) 突然的电气失效或结构失效引起的测量仪不能正常工作。

7.6.3 轻缺陷

发生故障时,无须更换元器件、零部件,仅做简单处理即可恢复测量仪的正常工作,这类故障判为轻缺陷。

7.7 鉴定检验

鉴定检验是用本型号的若干样品进行一系列完整的检验。

7.7.1 检验目的

确定供方是否有能力生产符合本标准要求的产品。

鉴定检验在下列情况下进行:

a) 新产品定型时;
b) 主要设计、工艺、材料及元器件有重大变更时;
c) 停产两年以上再生产时。

7.7.2 检验项目

表1中的全部检验项目。

7.7.3 抽样

7.7.3.1 A组检验

随机抽取6台测量仪进行A组检验。

新产品定型时,样机如果少于6台,则全数检验。

7.7.3.2 B组检验

用A组检验合格的6台测量仪进行B组检验。

7.7.3.3 C组检验

在B组检验合格的6台测量仪中随机抽取2台进行C组检验。

7.7.3.4 D组检验

在B组检验合格的测量仪中另外随机抽取2台进行D组检验。

样品较少时也可在C组检验合格的样本中进行。

7.7.3.5 E组检验

在B组检验合格的测量仪中抽取2台进行E组检验。

7.7.4 合格判定

在A~D组检验中不允许出现致命缺陷,但允许出现三个重缺陷。

出现重缺陷或轻缺陷,应查明原因,排除故障,再次检验全部合格后,才能进行下一个检验。在A~D、E组全部合格后才能判定鉴定检验合格。

7.8 质量一致性检验

质量一致性检验是对成批生产的测量仪进行一系列试验,以判定所提交的样本是否符合产品标准的要求。

7.8.1 A组检验

A组检验是全数检验。

A组检验中不允许出现致命缺陷,若出现则判A组检验不合格。

A组检验中出现重缺陷或轻缺陷经返修再检验合格后判A组检验合格。

7.8.2 B组检验

B组检验是全数检验。

B组检验中不允许出现致命缺陷,若出现则判B组检验不合格。

B组检验中出现重缺陷或轻缺陷经返修再检验合格后判B组检验合格。

7.8.3 C 组检验

C 组检验每年进行一次。

年批量小于 100 台时,抽取 2 台;大于 100 台时,抽取 3 台。应在 A 组、B 组检验合格的样本中抽取。

抽样宜安排在完成生产任务 50% 左右的时候。

若 C 组检验的重缺陷数小于或等于平均每台一次,则无致命缺陷,判定 C 组检验合格。出现允许数量范围内的重缺陷或轻缺陷时允许修复后继续试验。

若 C 组检验的重缺陷数大于平均每台一次,则有致命缺陷,判定 C 组检验不合格。

7.8.4 D 组检验

D 组检验的检验周期、抽样数量、抽样时间、合格判定同 C 组检验。

7.8.5 E 组检验

E 组检验按 GB/T 11463 的有关规定进行。

7.8.6 质量一致性检验的合格判定

各组检验全部合格的产品才能判定为检验合格。

质量一致性检验中任一组检验不合格时,应终止检验,查明原因,整批采取改正措施。

再次抽样进行该组试验时,若重缺陷数大于平均每台一次,或再次出现致命缺陷时,则判本批产品质量一致性检验不合格。此时应终止生产,报上级质量监督部门研究处理。

7.8.7 受试样本的处置

7.8.7.1 经 A、B 组非破坏试验检验判为合格的检验批中出现的有缺陷的单位产品经返修和校正,并经再次检验合格后可以交付。

7.8.7.2 经 C、D 组环境试验的样本不应做合格品交付。

7.8.7.3 经 E 组可靠性试验的样本对其寿命终了的元器件给予更换,并经 A、B 组检验合格后可以交付。

8 标志、包装、运输与贮存

8.1 标志

8.1.1 产品标志

在数据采集箱的前面板或后面板上应标有:

a) 制造单位;
b) 产品名称、型号;
c) 出厂编号;
d) 出厂日期。

8.1.2 包装标志

a) 产品名称、型号和数量;
b) 制造单位名称、地址;
c) 外型尺寸;
d) 包装箱编号;
e) 毛重;
f) "小心轻放"、"向上"、"怕湿"等符合 GB/T 191 规定的标志。

8.2 包装

8.2.1 仪器包装箱应牢固,应有防潮、防尘、防雨和防振措施。

8.2.2 每台仪器应附有装箱清单一份(参见表2)。

表 2

序 号	名 称	数 量	单 位	备 注
1	数据采集器	1	只	
2	供电系统	1	套	
3	温度传感器	按需	只	
4	通信系统	1	套	
5	系统软件包	1	套	
6	安装使用与维护资料	1	套	
7	温度梯度杆	1	套	
8	安装用零件、配件	1	套	
9	装箱清单	1	份	
10	检验合格证	1	份	
11	保修单	1	份	

8.3 运输和贮存

8.3.1 包装好的温度梯度自动测量仪适于铁路、公路、水运、空运等任何方法运输。

8.3.2 产品应以原包装贮存在环境温度－10℃～40℃，相对湿度不大于80%的室内。贮存室内应洁净、通风，不得有腐蚀性挥发物。

ICS 07.060
A 47

中华人民共和国气象行业标准

QX/ 33—2005

气象业务氢气作业安全技术规范

Safety technical specification of hydrogen operation in the weather station

2005-12-21 发布　　　　　　　　　　　　　　　　　　　2006-06-01 实施

中国气象局　　发布

前言

为贯彻《中华人民共和国安全生产法》,保障人身安全,避免国家财产遭受损失,制定本标准。

本标准由中国气象局监测网络司提出。

本标准由中国气象局政策法规司归口。

本标准由河北省气象技术装备中心负责起草。

本标准起草人:张景云、潘正林、李峰、王伟、王长生、秦岭、赵志强、梁如意、武春爱。

QX/33—2005

气象业务氢气作业安全技术规范

1 范围

本标准规定了气象业务的氢气生产、使用、储存、运输作业的安全技术要求。

本标准适用于气象业务的氢气生产、使用、储存、运输的管理。

2 规范性引用文件

下列文件中的条款通过本标准的引用而成为本标准的条款。凡是注日期的引用文件,其随后所有的修改单(不包括勘误的内容)或修订版均不适用于本标准,然而,鼓励根据本标准达成协议的各方研究是否可使用这些文件的最新版本。凡是不注日期的引用文件,其最新版本适用于本标准。

GB 7144　气瓶颜色标志
GB 14194　永久气体气瓶充装规定
GB 16918　气瓶用爆破片技术条件
GB 50029—2003　压缩空气站设计规范
GB 50057　建筑物防雷设计规范
GB 50058　爆炸和火灾危险环境电力装置设计规范
GB 50169　电气装置安装工程接地装置施工及验收规范
GB 50235—1997　工业金属管道工程施工及验收规范
GBJ 16—87　建筑设计防火规范

3 术语和定义

下列术语和定义适用于本标准。

3.1
特种设备 special equipment

在水电解制氢系统中的水电解制氢装置、压力管道,化学制氢筒,储氢瓶等。

3.2
氢氧站 hydrogen and oxygen station

安装有水电解制取氢气、氧气所需的工艺设施、灌充设施及其必要的辅助设施的建筑物、构筑物的总称。

3.3
制氢室 room for making hydrogen

安装有采用化学方法制取氢气所需的工艺设施及其必要的辅助设施的建筑物、构筑物的总称。

3.4
氢气罐 hydrogen pot

用于储存氢气的湿式储气罐(水封罐)和固定干式容积储气罐的总称。

3.5
水电解制氢系统 system of making hydrogen by water electrolysis

以水电解法制取氢气,并含增压、储存、净化、灌充等操作单元装置组成的工艺系统的总称。

3.6
水电解制氢装置 water electrolysis device for making hydrogen

制氢主机、整流控制器、储氢装置、氢分析仪、加水泵和水箱等的总称。

3.7
制氢主机　mainframe of making hydrogen
在水电解制氢系统中完成水电解并进行氢、氧分离的设备。

3.8
水电解槽　water electrolyzer
通常为压滤式双极性结构,是应用水电解方法使水分解成氢气和氧气的核心装置。

3.9
放空管　empty pipe
向大气中直接排放氢气或氧气的管道装置。

3.10
阻火器　hinder the firearm
阻止氢气回火的安全装置。

3.11
有爆炸危险房间　rooms of explosive hazard
有氢气设备、管道或有氢气侵入的房间。属于这类房间的有:电解室、氢气净化室、氢气压缩机室、氢气灌瓶室、实瓶房间、空瓶房间、氢气罐阀门室、氢气汇流排房间以及化学制氢室等。

3.12
防雷装置　lightning protection system
接闪器、引下线、接地装置、电涌保护器及其他连接导体的总称。

3.13
气瓶　gas cylinder
用于可重复充装气体(临界温度低于－10℃)的无缝钢质圆瓶。用于充装氢气的又称储氢瓶。

3.14
空瓶　empty cylinder
无压力或有一定残余压力(不大于一个标准大气压)的气瓶。

3.15
实瓶　real cylinder
瓶内装有一定的压缩气体,压力不大于13MPa的气瓶。

3.16
爆破片　bursting discs
能够因超压而迅速动作(破裂或脱落),泄放出瓶内气体的限压保险元件。

3.17
气瓶附件　gas cylinder enclosure
包括气瓶专用爆破片、安全阀、易熔合金塞、瓶阀、瓶帽、液位计、防震圈、紧急切断装置和充装限位装置等。

3.18
湿氢　wet hydrogen
能达到水汽饱和并析出水分的氢气。

3.19
制氢筒　tube for making hydrogen
化学反应方法制取氢气用的钢质气瓶。

3.20
制氢筒附件　enclosure of tube making hydrogen
包括制氢筒头部、制氢压力表、制氢筒支架、制氢工具等。

3.21
涉氢作业 operation engaged in hydrogen
生产、使用、储存、运输氢气的操作。

3.22
涉氢人员 personnel engaged in hydrogen
生产、使用、储存、运输氢气的操作人员和安全管理人员。

3.23
涉氢工作 work engaged in hydrogen
生产、使用、储存、运输氢气作业和安全管理工作的总称。

4 通用要求

4.1 特种设备
4.1.1 应符合安全技术规范的要求并附有质量合格证明、检验证明、安装及使用维修说明书等材料。
4.1.2 投入使用前,应当向当地特种设备安全监督管理部门登记。

4.2 电气和热工控制
4.2.1 氢氧站、制氢室的电气装置必须符合 GB 50058 的规定。
4.2.2 水电解槽的直流电源配置,应符合以下要求:
  a) 整流装置应具有调压、稳流、过载、缺相保护或报警功能;
  b) 整流器对电网的谐波干扰,应符合安全运行的要求。
4.2.3 成套整流装置,应设在与电解室相邻的电源室内。
4.2.4 直流电缆的选择及敷设应符合以下要求:
  a) 允许的载流量不小于水电解槽额定电流的 1.2 倍;
  b) 应采用铜导体,敷设在较低处或地沟内;
  c) 当必须采用裸线时,应有防止产生火花的有效措施。
4.2.5 有爆炸危险的房间,其照明必须采用防爆开关和防爆灯具;灯具应装在氢气泄压排放设施的低处,不应装在氢气释放源的正上方。房间内应设置应急照明。
4.2.6 敷设在有爆炸危险房间中的导线或电缆用的保护管,处于下列情况应做隔离密封:
  a) 导线或电缆引向电气设备接头部件前;
  b) 相邻的环境之间。
4.2.7 有爆炸危险房间内应设氢气检漏报警装置,并便于应急操作。
4.2.8 氢氧站应配置氢气(氧气)纯度分析仪。

4.3 给水排水和消防
4.3.1 氢氧站的室内外消防设计应符合 GBJ 16—87 的规定。
4.3.2 氢氧站、制氢室的冷却水系统,供水压力应在 150 kPa～350 kPa 之间;水质及排水温度应符合 GB 50029—2003 的规定,并应有断水保护装置。
4.3.3 有爆炸危险的房间、电气设备间应根据房间大小配备灭火器材,并保持有效常备。

4.4 采暖与通风
4.4.1 严禁使用明火取暖。
4.4.2 氢气灌充室、氢气汇流排间和空、实瓶房间的散热器应有隔离措施。
4.4.3 有爆炸危险的房间,应有泄压设施:
  a) 房顶必须设有天窗或通气孔;
  b) 泄压面积与房间体积的比值介于 0.05～0.22,以利于泄压;
  c) 通风换气次数每小时不应少于三次。

4.4.4 通风设施应有防止凝结水滴落的措施。

4.5 管道要求

4.5.1 压力大于0.1 Mpa的氢气和氧气管道的管材应采用无缝钢管,禁止采用铸铁管。阀门应采用球阀、截止阀,禁止采用闸阀。

4.5.2 管道应符合GB 50235的要求。

4.5.3 管道泄漏率试验,试验压力为工作压力的1.15倍,试验时间为24 h,室内管道平均泄漏率不超过0.25%,室外管道不超过0.5%。

4.5.4 在氢气放空阀、安全阀、充球阀的管口处,应装有阻火器。

4.5.5 放空管的设置应符合以下要求：
 a) 压力大于0.1 Mpa的应采用无缝钢管;
 b) 出口应引至室外,管口应高出屋顶,并在避雷保护范围内;
 c) 应防雨雪侵入和防外来杂物堵塞;
 d) 接地符合GB 50169的规定。

4.6 防雷与接地

4.6.1 氢氧站、制氢室的水电解制氢装置、制氢筒及金属管道、构架等的接地装置和防雷设施应符合GB 50169、GB 50057的规定。

4.6.2 防雷装置须经专业检测机构检测合格。防雷装置检测每年不得少于一次。

4.6.3 有爆炸危险房间的电气线路接地,应符合GB 50058和GB 50169的规定。

4.7 报警

4.7.1 报警仪表必须灵敏可靠,经省级以上质量技术监督行政部门授权的检测机构检定合格并在检定周期内。

4.7.2 压力报警装置应满足以下要求：
 a) 制氢主机的压力报警器要保证达到设定压力警界值时自动报警;
 b) 储氢罐的压力报警器要保证达到设定压力警界值时自动报警;
 c) 用于报警的压力仪表其测量误差不得超过3%;
 d) 储氢罐的安全阀要保证罐内氢气压力达到设定值时自动泄放;
 e) 储氢罐应按《压力容器安全技术监察规程》(质技监局锅发〔1999〕154号)的有关规定申请周期检验。

4.7.3 温度报警器应保证制氢主机升温达到警界值时自动报警,温度仪表的测量误差不超过±1.5℃。

4.7.4 压力和温度控制报警装置每月至少应检查和调整一次。

4.8 氢(氧)纯度分析

4.8.1 采用水电解法生产氢气和氧气时,必须在氢气的管道上设置分析氢中氧含量的自动分析仪器或在氧气的管道上设置分析氧中氢含量的自动分析仪器。

4.8.2 氢、氧纯度分析室内的环境温度应不低于15℃。

4.8.3 气体分析仪器使用前应进行检查,必须处于以下状态：
 a) 经省级以上质量技术监督行政部门授权的计量检测机构检定合格,且不超过有效期;
 b) 附近没有强电场和强磁场干扰。

4.8.4 采用水电解法生产氢气时,设备运行过程中,氢气和氧气纯度分析每日不少于三次。

5 储氢瓶

5.1 要求

5.1.1 储氢瓶必须由具有"气瓶制造许可证"的企业生产。

5.1.2 储氢瓶应定期检验,且不得超过有效期。

5.1.3 储氢瓶外表面的颜色标志要符合 GB 7144 的规定。

5.1.4 瓶阀的出口螺纹要与所装气体的规定螺纹相符;外表面应无裂纹、严重腐蚀、明显变形及其他严重损伤的缺陷。

5.1.5 储氢瓶的安全附件齐全、符合《气瓶安全监察规程》(质技监局锅发〔2000〕250 号)的要求;瓶体、瓶阀等不能沾附油脂和其他可燃物。

5.1.6 储氢瓶应专瓶专用。

5.2 充装

5.2.1 气象业务的氢氧站从事高压氢气充装作业,必须经省级特种设备安全监督管理部门许可。

5.2.2 储氢瓶充装要遵守 GB 14194 的规定,充装单位必须在每只被充储氢瓶上粘贴符合要求的警示标签和充装标签。瓶内氢气充装压力不得高于储氢瓶的设计压力。

5.2.3 氢中氧含量或氧中氢含量按体积比超过 0.5% 时,禁止充装。

5.2.4 气瓶充装系统用的压力表的准确度不得低于 1.5 级,表盘直径应不小于 150 mm。并经省级以上质量技术监督行政部门授权的检测机构检定合格,且不超过有效期。

5.3 运输

5.3.1 使用储氢瓶的气象台站必须严格做到运输、储存的安全管理:
   a) 有专人负责储氢瓶安全工作;
   b) 根据有关法规,制定相应的安全管理制度。

5.3.2 运输和装卸储氢瓶必须做到:
   a) 运输工具上有显著的安全标志;
   b) 储氢瓶戴好瓶帽、防震圈,轻装轻卸,严禁抛、滑、滚、碰;
   c) 吊装时,严禁使用电磁起重机和链绳;
   d) 易燃、易爆、腐蚀性物品不得与储氢瓶和氧气瓶一起运输;
   e) 储氢瓶在车上要妥善放置和固定并符合以下要求:
      1) 横放时,头部朝向一方,垛高不超过四层;垛顶不超过车厢高度;
      2) 立放时,车厢高度应在瓶高的三分之二以上;
      3) 储氢瓶总重量(含随车附加物重量)不超过额定载重量的三分之二。
   f) 夏季运输应有遮阳设备,避免暴晒;城市的繁华市区不得在白天运输实瓶;
   g) 运输工具上应备有灭火器材;
   h) 运输储氢瓶的车、船不得在城市的繁华市区和人员密集地方停靠;
   i) 车、船停靠时,司机和押运人员不得同时离开;禁止用小型机帆船和小木船承运。

5.4 储存

5.4.1 储氢瓶和氧气瓶不得同库储存;仓库内不得有地沟、暗道,严禁明火。

5.4.2 仓库内应通风,避免阳光直射储氢瓶;库房内外应设置灭火器材;必须按要求在醒目处设置防火、爆炸危险的标志。

5.4.3 库房内不得有人居住;空瓶和实瓶应分开存放,并有明显标志。

5.4.4 储氢瓶放置要整齐,戴好瓶帽、防震圈,立放时要妥善固定;横放时,头部要朝向同一方向,垛高不超过五层。

5.5 使用

5.5.1 使用前应进行安全状况检查,禁止擅自更改储氢瓶的钢印和颜色标志。

5.5.2 储氢瓶立放时要有防倒措施;严禁敲击和碰撞储氢瓶。

5.5.3 不应把瓶内的氢气放尽,气体剩余压力不得小于 50kPa。

5.5.4 阀门或减压器泄漏时不得使用,禁止在瓶内有压力的情况下更换阀门。

5.5.5 应有完备有效的静电防护设施,防止静电事故发生。夏季使用过程中应防太阳直晒储氢瓶。

6 水电解制氢

6.1 要求

6.1.1 应使用符合安全技术规范要求的水电解制氢设备,并及时对设备进行检修、对测量仪表按规定周期进行检定,并合格。

6.1.2 存在安全隐患,无改造、维修价值或超过技术规范规定使用年限的水电解制氢设备不得使用。

6.1.3 建立水电解制氢设备安全技术档案,记录与设备安全有关的内容,包括:
   a) 设备类别、名称、技术参数、制造单位;
   b) 产品质量合格证明、使用维护说明等技术文件和资料;
   c) 日常使用、日检查、周保养、月维护、年维修、定期检验和自查情况;
   d) 制氢设备及其附件、安全保护装置、测量调控装置的情况;
   e) 有关附属仪器仪表的日常维修保养情况;
   f) 运行故障和事故情况。

6.1.4 压力容器、压力管道的安装、改造、维修竣工并验收合格后,施工单位应当将有关技术资料移交使用单位并将其存入技术档案。

6.1.5 在用水电解制氢设备的安全检查,每月至少一次;出现故障或发生异常情况,应当及时检查,消除事故隐患后,方可重新投入使用。

6.2 制氢作业

6.2.1 水电解制氢作业必须严格执行相关操作规程。整流器和控制箱首次使用前必须检查各项技术参数,调整至符合规定要求。

6.2.2 制氢机首次开机前,必须充氮气试漏。开机后氢气纯度达到99.7%以上方可储氢,在达到纯度标准前,应通过放空阀泄放。在运行过程中,如发现氢气纯度低于99.5%,要立即停机查明原因和检修。

6.2.3 熔断器熔断后,必须用额定值的熔断器替换。严禁使用导线或大于额定值的熔断器替换。

6.2.4 制氢过程应保持蒸馏水补充系统和冷却水循环系统正常运行,保持氢气和氧气的压力平衡。

6.2.5 需要排放碱液时,必须停机后操作,并要等待系统内部压力降到零以后,方可开阀排液。

6.2.6 按要求,做好设备运行记录。

6.3 应急处理

6.3.1 发生以下情况时应及时处理:
   a) 碱液泄漏;
   b) 氢气泄漏;
   c) 氢气和氧气压力不平衡。

6.3.2 发生异常情况应立即停机,并立即启动应急预案。

6.3.3 现场应急处理后,应及时把情况报上级管理部门,进一步进行检查、检修,预防类似情况再次发生。

7 化学制氢

7.1 要求

7.1.1 制氢筒应检验合格,超过检定有效期的应停止使用。

7.1.2 下列制氢筒不能使用:
   a) 未经国家有关部门认可而进口的;
   b) 经检查有明显损伤、缺陷的。

7.1.3 制氢筒头部安装的爆破片(保险片)必须满足以下要求:

a) 符合 GB 16918 的要求；
b) 每次制氢前都必须更换新的爆破片；
c) 禁止用双片、多片或其他金属片替代。

7.1.4 制氢筒头部各部件应装配正确，出气口和三通阀应畅通。

7.2 制氢作业

7.2.1 制氢室应通风良好，严禁一切明火及可能产生火花的撞击动作。

7.2.2 制氢前应将制氢筒内清洗干净，不应有残渣和结块；清洗制氢筒时禁用铁棒击捣结块。

7.2.3 根据不同的制氢筒，严格按规定的配比要求使用苛性钠（NaOH）、矽铁粉（SiFe）和水（H_2O）

7.2.4 制氢作业时，必须戴防护眼镜、口罩、防护手套、防护套袖，穿防护围裙、雨靴。

7.2.5 原料配量必须称量，气温及水温也必须测定，并做好记录。

7.2.6 制氢过程中，摇动制氢筒身的角度不得超过45°。操作者应在制氢筒的侧面操作。

7.2.7 密切关注压力表示值，压力上升超过13MPa时，应立即采取减压措施。

7.2.8 制氢时，制氢筒体产生的高温不得采用强制冷却，应让其自然降温。待制氢筒的压力表示值稳定后，操作人员方可离开。

7.2.9 按规定要求，做好值班记录。

7.3 原料运输和储存

7.3.1 苛性钠和矽铁粉不得同车运输和同室储存。

7.3.2 存放苛性钠和矽铁粉的库房内不得存放其他杂物，不得有人居住。

7.3.3 仓库内应保持干燥，确保存放的苛性钠不被潮解。

7.4 制氢筒的运输和储存

7.4.1 应符合5.3和5.4的有关要求。

7.4.2 搬运和储存制氢筒时应把氢气放空，把制氢残渣清洗干净。

8 制氢压力表

8.1 制氢压力表必须按周期检定。

8.2 下列制氢压力表不能使用：
a) 未经省级以上质量技术监督行政部门授权的计量检测机构检定合格的；
b) 影响示值缺陷的。

9 事故预防措施

9.1 涉氢人员

9.1.1 涉氢人员应培训合格，持证上岗。

9.1.2 涉氢作业人员在作业中应当严格执行操作规程、安全工作规定和规章制度。

9.2 涉氢作业

9.2.1 应在制氢、储氢和充球场所的醒目处，制作"氢气危险"、"严禁烟火"、"禁止携带火种"等标志。

9.2.2 气球充气前，必须检查球皮有无砂眼和破损漏气；并将球皮内的空气排挤干净。

9.2.3 充球时必须防止产生静电火花，平衡器要良好接地。

9.2.4 进入作业现场要穿戴防静电的服装、鞋帽、手套。

9.2.5 禁止穿有铁钉、铁掌鞋的人员进入涉氢作业现场；禁止携带火柴、打火机及其他火种。

9.2.6 制氢人员必须定期对制氢设备进行维护保养。

ICS 07.060
A 47

中华人民共和国气象行业标准

QX/T 34—2005

气象科技成果鉴定规程

Procedure for appraisal of the achievements in meteorological science and technology

2005-12-21 发布　　　　　　　　　　　　　　　2006-06-01 实施

中国气象局　　发布

QX/T 34—2005

前　言

为加强气象科学技术成果鉴定工作的管理,规范气象科技成果鉴定的操作程序,依据国家科技部《科学技术成果鉴定办法》、《科技成果鉴定规程》、《软科学研究成果评审办法》以及中国气象局关于《加强气象科技成果管理的通知》等文件精神,特制定本规程。

本标准的附录 A、附录 B、附录 C、附录 D 和附录 E 为规范性附录。

本标准由中国气象局提出。

本标准由中国气象局政策法规司归口。

本标准由中国气象局科技发展司、湖北省气象局、陕西省气象局、河北省气象局、青海省气象局起草。

本标准主要起草人:张庆龄、张长森、戴修义、王欣璞、郭建侠、王礼泉。

本标准为首次发布。

气象科技成果鉴定规程

1 范围

本标准规定了气象科技成果鉴定工作的工作程序、基本要求、表格式样；规定了实施气象科技成果鉴定工作有关单位和个人的权利与义务。

本标准适用于气象行业的气象科技成果鉴定工作。

2 术语和定义

本标准采用下列术语和定义

2.1
气象科技成果 achievements in meteorological science and technology

科技工作者通过研究、研制、试验或业务(产业)实践所取得的,在气象科学技术上有理论意义和实用价值的结果。它必须经过实践或者严格的成果鉴定,具有创新性、学术意义或实用价值,而且能被他人所重复。

2.2
气象科技成果鉴定 appraisal of the achievements in meteorological science and technology

由中国气象局科技主管部门聘请同行专家,按照本标准规定的形式和程序,对气象科技成果进行审查和评价,并做出相应结论的行政行为。

2.3
应用技术成果 achievements in applied technology

为解决某一科学技术问题而取得的具有新颖性、先进性和实用价值的研究结果,它包括新产品、新技术、新工艺、新方法、新设计等。

2.4
基础研究成果 achievements in basic research

自然科学中纯理论性研究的结果,主要表现形式为学术论文。

2.5
应用基础研究成果 achievements in basic applied research

具有应用目的的基础研究成果。

应用基础研究是指为获得新知识而进行的创造性研究。它主要针对某一特定的实际应用目的。应用基础研究通常是为了确定基础研究成果或知识的可能的用途,或是为达到某一具体的、预定的实际目的,确定新的方法或途径。

2.6
软科学研究成果 achievements in soft scientific research

对推动决策科学化管理和管理现代化,促进科技、经济与社会的协调发展起重大作用的研究成果。

2.7
组织鉴定单位 appraisal-organizing agency

代表国家行使对气象科技成果鉴定的管理、组织职权的行政机关。在本标准中是指中国气象局科技主管部门。

2.8

主持鉴定单位 appraisal-conducting agency

依照本标准对气象科技成果进行具体鉴定,出具评价意见的单位。

2.9

检测鉴定 verification report

由专业技术检测机构通过检验、测试性能指标等方式,对科技成果进行评价。

2.10

会议鉴定 meeting appraisal

由同行专家采用会议形式对科技成果做出评价。

2.11

函审鉴定 corresponding appraisal

由同行专家通过书面审查有关技术资料,对科技成果做出评价。

3 总则

3.1 气象科技成果鉴定工作的目的是为了正确判别和评价气象科技成果的质量和水平,促进气象科技成果的完善和气象科技水平的提高,加速气象科技成果的转化应用,提高气象业务服务能力,推动气象事业持续快速发展。

3.2 气象科技成果鉴定工作要坚持实事求是、科学民主、客观公正、注重质量、讲求实效的原则,确保科技成果鉴定工作的严肃性和科学性。

3.3 气象科技成果鉴定工作是评价气象科技成果的方法之一。鼓励气象科技成果通过科技服务、市场竞争、学术交流等多种方式得到评价和认可。

3.4 气象科技成果鉴定工作由中国气象局科技主管部门归口管理。

4 鉴定范围

4.1 列入下列科技计划内的气象科技成果可以鉴定:

4.1.1 国家重大科技计划。

4.1.2 中国气象局科技主管部门管理和认定的科技计划。

4.1.3 中国气象局业务主管部门管理的重大业务建设计划内的科研开发项目。

4.2 其他技术成熟并有明显的创造性,对气象行业发展及国家经济建设具有重大的促进作用,经实践证明能应用的重大气象应用技术成果和应用基础研究成果,经中国气象局科技主管部门批准也可以鉴定。

4.3 基础理论研究成果、软科学研究成果、以申请专利的应用技术成果、国家法律、法规规定必须经过法定的专门机构审查确认的科技成果,不组织鉴定。

5 鉴定的组织

5.1 中国气象局科技主管部门是中国气象局的科技成果组织鉴定单位。

5.2 国家重大科技计划内的气象科技成果,由中国气象局科技主管部门报请国家科技部组织鉴定。

5.3 其他属于鉴定范围内的气象科技成果,由中国气象局科技主管部门组织并主持鉴定,也可以委托有关省、自治区、直辖市气象局、中国气象局直属单位的科技主管部门主持鉴定。

6 鉴定的形式

6.1 气象科技成果鉴定分为检测鉴定、会议鉴定、函审鉴定三种形式。

6.2 气象仪器、通讯设备、应用软件系统等方面的气象科技成果一般采用检测鉴定形式。

6.3 需经过考察、现场测试、演示、质疑答辩等程序的气象科技成果,采用会议鉴定形式。
6.4 不需要经过现场考察、测试、讨论答辩,通过审查书面技术材料就可做出评价结论的气象科技成果,采用函审鉴定形式。

7 鉴定材料

7.1 计划任务书或合同书。
7.2 技术研究报告(包括技术方案论证、技术特征、总体性能指标与国内外同类先进技术的比较、技术成熟程度、对社会经济发展和科技进步的意义、推广应用的条件和前景、存在的问题等基本内容)。
7.3 主要实验的原始记录及实验报告,测试记录及测试分析报告。
7.4 相应的设计文件、图纸、软件、源程序。
7.5 科技成果查新报告。
7.6 用户使用情况报告。
7.7 效益分析报告及证明材料。
7.8 归档证明及其他相关材料。

8 鉴定的申请审批程序

8.1 申请鉴定的气象科技成果需具备以下条件:

8.1.1 已完成合同的约定或计划任务书规定的任务要求。
8.1.2 不存在科技成果完成单位或者人员名次排列和权属方面的异议。
8.1.3 技术资料齐全,并符合档案管理部门的要求。

8.2 气象科技成果鉴定的申请程序

8.2.1 申请鉴定的气象科技成果完成人填写《科技成果鉴定申请表》(见附录A)一式4份、《科学技术成果鉴定证书》(见附录B)1份连同全套鉴定材料2份先后报成果完成单位、上一级科技主管部门审查并签署意见。
8.2.2 科技主管部门将审查合格的气象科技成果鉴定材料报送任务下达单位审查并签署意见。
8.2.3 科技主管部门将签署意见的有关鉴定材料报组织鉴定单位审批。

8.3 气象科学技术成果鉴定的审批程序

8.3.1 组织鉴定单位接到科学技术成果鉴定申请后,对申请鉴定的气象科技成果进行审查。审查的内容包括:是否属于鉴定范围内需要鉴定的气象科技成果;《科技成果鉴定申请表》和《科学技术成果鉴定证书》是否正确无误;提交的鉴定材料是否齐全、完整并符合要求;有无成果权属争议;初步判别成果的创造性、先进性、实用性、成熟性、可靠性、可推广应用前景等。

组织鉴定单位必要时可聘请1-2名同行专家进行审查。

8.3.2 组织鉴定单位在15个工作日内就是否同意组织鉴定进行批复。同意组织鉴定的,同时确定主持鉴定单位、鉴定形式、鉴定委员会名单及正、副主任委员。不同意组织鉴定的,说明不同意的理由。

9 鉴定的步骤

9.1 检测鉴定步骤

9.1.1 组织鉴定单位指定对口的检测机构,并向检测机构和成果完成单位下达《科技成果检测鉴定检测任务委托书》(见附录C)。
9.1.2 成果完成单位持《科技成果检测鉴定检测任务委托书》并携带成果有关资料和实物到指定的检测机构进行检测,缴纳有关检测费用。
9.1.3 检测机构应在20个工作日内完成检测工作,出具《科技成果检测鉴定检测报告》(见附录D),加盖"成果鉴定—检测专用章"。

9.1.4 检测机构将《科技成果检测鉴定检测报告》送组织鉴定单位审查。

9.1.5 组织鉴定单位将审查后的检测报告作为《科学技术成果鉴定证书》中的鉴定意见予以批复。如果检测数据难以全面表征被鉴定成果性能、水平时,组织鉴定单位可会同检测机构聘请同行专家,并指定一名负责人,对成果做出综合评价,形成书面评价意见,检测报告和评价意见一并作为鉴定意见进行批复。

9.1.6 组织鉴定单位将《科学技术成果鉴定证书》进行编号,填写"鉴定批准日期",送组织鉴定单位领导审查签字并加盖科技成果鉴定专用章。

9.1.7 组织鉴定单位向气象科技成果完成单位颁发批复的《科学技术成果鉴定证书》。

9.2 会议鉴定步骤

9.2.1 成果完成单位按照组织鉴定单位批复的鉴定委员会人数加印鉴定材料,交主持鉴定单位。

9.2.2 主持鉴定单位应于鉴定会前2周将鉴定会的通知、请柬和鉴定材料寄(送)到鉴定委员会各位专家。

9.2.3 需要进行现场测试的,由组织鉴定单位确定至少3名专家负责测试工作。测试组专家必须在鉴定会召开前完成测试工作,并写出测试报告。成果完成单位应为测试组提供便利条件,配合测试组顺利完成测试工作。

9.2.4 召开鉴定会

9.2.4.1 主持鉴定单位的负责人宣布鉴定会开始,宣读组织鉴定单位对鉴定申请的批复,宣布鉴定委员会成员名单,报告出席鉴定会专家人数(到会专家不得少于应聘专家的五分之四),宣布由鉴定委员会主任或副主任主持技术鉴定。

9.2.4.2 在鉴定委员会主任或副主任主持下,完成单位、专家测试组、用户单位等分别作技术报告、测试报告、查新报告、用户使用情况报告。

9.2.4.3 专家进行现场考察或观看演示。

9.2.4.4 专家质疑。成果完成单位必须据实回答专家提出的问题和提供所需要的技术资料。

9.2.4.5 专家评议。实行回避制度,成果完成单位和课题组相关人员必须退场,由鉴定委员会进行独立评议。评议内容包括:是否完成合同或计划任务书要求的指标;技术资料是否齐全完整,并符合规定;成果的创造性、先进性和成熟程度;应用价值及推广的条件和前景;存在问题和改进意见。

组织鉴定单位和主持鉴定单位可派1~2名管理人员列席会议,了解专家评议的情况,但不得对被鉴定的科技成果发表评价意见。

9.2.4.6 鉴定委员会主任指定鉴定委员根据评议情况起草鉴定意见(不得由其他人代拟),集体讨论通过鉴定意见,到会专家三分之二(含)以上同意的鉴定意见视为通过。鉴定意见必须明确写上"存在问题"和"改进意见",否则为无效鉴定意见。

9.2.4.7 鉴定委员会主任委员在鉴定意见原稿上签字,鉴定委员会主任委员、副主任委员和委员在《科学技术成果鉴定证书》中"鉴定委员会名单"相应栏中签字。不同意鉴定意见的委员有权拒绝签字。

9.2.4.8 鉴定意见形成后,由主持鉴定单位负责人主持会议,成果完成单位和课题组参加会议。

9.2.4.9 鉴定委员会主任或副主任宣布鉴定意见。

9.2.4.10 鉴定会结束。

9.2.5 鉴定证书审批颁发程序

9.2.5.1 经专家签字的鉴定意见原件由组织鉴定单位存档,复印件交成果完成单位填写《科学技术成果鉴定证书》。

9.2.5.2 经鉴定会议专家评议未通过的,鉴定委员应正式写出未通过的理由,经组织鉴定单位审核后,通知成果完成单位,并报其主管部门。

9.2.5.3 成果完成单位将专家签字的鉴定意见填写在《科学技术成果鉴定证书》的"鉴定意见"栏中,送鉴定委员会主任、副主任签字。

QX/T 34—2005

9.2.5.4 成果完成单位将《科学技术成果鉴定证书》加印3份,先后送主持鉴定单位和组织鉴定单位审查。

9.2.5.5 主持鉴定单位和组织鉴定单位将审查合格的《科学技术成果鉴定证书》送有关领导签字。

9.2.5.6 组织鉴定单位将《科学技术成果鉴定证书》进行编号,填写"鉴定批准日期"。

9.2.5.7 《科学技术成果鉴定证书》先送主持鉴定单位审核,无误后加盖主持鉴定单位印章,再送组织鉴定单位审核,无误后加盖组织鉴定单位的"科技成果鉴定专用章",并将《科学技术成果鉴定证书》颁发给成果完成单位。

9.2.5.8 科技成果鉴定会全部程序完成后,组织鉴定单位按照档案管理部门的要求,及时将成果鉴定的有关文件、资料整理归档,鉴定会的所有原始文件和资料由组织鉴定单位存档。

9.3 函审鉴定步骤

9.3.1 组织鉴定单位选聘同行专家组成函审组,并指定正、副组长。

9.3.2 成果完成单位按照函审鉴定专家组人数加印鉴定材料,交组织鉴定单位。

9.3.3 组织鉴定单位将同意鉴定的批复文件、《科技成果鉴定函审表》(见附录E)和技术资料以及起草的《科学技术成果鉴定证书》初稿寄(送)函审专家审阅。

9.3.4 函审专家收到函审材料后,20个工作日内完成对科技成果材料的审查工作,填写《科技成果鉴定函审表》,连同全套材料寄(送)组织鉴定单位。

9.3.5 组织鉴定单位将函审专家的意见寄(送)函审组正、副组长,由函审组正、副组长根据专家的函审意见写出综合鉴定意见,签字后寄(送)组织鉴定单位。

9.3.6 鉴定证书审批颁发程序与会议鉴定相同。

10 鉴定专家

10.1 参加气象科技成果鉴定工作的专家应当具备下列条件

10.1.1 具有高级技术职称(特殊情况下可放宽至中级技术职称,但人数比例不能超过专家组总人数四分之一)。

10.1.2 对被鉴定科技成果所属专业有较丰富的理论知识和实践经验,熟悉国内外该领域技术发展的状况。

10.1.3 具有良好的科学道德和职业道德。

10.2 下列人员不得选聘为科技成果鉴定专家

10.2.1 科技成果完成单位的人员。

10.2.2 计划任务下达单位的人员。

10.2.3 任务委托单位的人员。

10.2.4 长期脱离教学、科研、气象业务工作的行政管理人员。

10.3 鉴定委员会专家的权利

10.3.1 独立对被鉴定的科技成果进行评价,不受任何单位和个人的干涉。

10.3.2 要求科技成果完成单位或个人提供充分、翔实的技术资料(包括必要的原始资料),要求复核试验或者测试结果。

10.3.3 向科技成果完成单位或者个人提出质疑并要求做出解释。

10.3.4 充分发表个人意见。

10.3.5 要求在鉴定结论中记载不同意见,可以拒绝在鉴定结论上签字。

10.3.6 要求排除影响鉴定工作正常进行的干扰,必要时可以向组织鉴定单位和主持鉴定单位提出中止鉴定的请求。

10.4 组织鉴定单位聘请鉴定专家的人数按照以下标准执行

10.4.1 检测鉴定聘请3~5名同行专家。

QX/T 34—2005

10.4.2 会议鉴定聘请7～15名同行专家。
10.4.3 函审鉴定聘请5～9名同行专家。

11 鉴定纪律

11.1 组织鉴定单位和主持鉴定单位不能对被鉴定科技成果发表导向性意见。
11.2 参加气象科技成果鉴定工作的专家要对被鉴定的科技成果进行实事求是的评价,评价结论要科学、客观、准确。
11.3 参加气象科技成果鉴定工作的专家和管理人员不得以任何理由将鉴定过程中的评议和讨论情况对外泄露。
11.4 专家的评审费由组织鉴定单位或者主持鉴定单位发放,经费由科技成果完成单位支付。
11.5 组织鉴定单位要加强对气象科技成果的审查工作。对于窃取他人科技成果的,一经查实,不予批复鉴定,已经鉴定的予以撤销,并书面通知任务下达单位。
11.6 组织鉴定单位要加强对气象科技成果鉴定过程的管理工作。对于在鉴定过程中有徇私舞弊、弄虚作假现象的,一经查实,要立即中止鉴定,已经完成鉴定的予以撤销,并通知责任人员所在单位。
11.7 组织鉴定单位和主持鉴定单位的工作人员,在鉴定过程中不得玩忽职守、以权谋私、收受贿赂。

附 录 A
（规范性附录）
科技成果鉴定申请表

科技成果鉴定申请表

成果名称：

完成单位：

申请鉴定单位：
申请鉴定日期： （盖章）
申请组织鉴定单位：
组织鉴定单位受理日期：＿＿＿＿＿经办人：＿＿＿（签字）

国家科学技术委员会
一九九四年制

	科技成果中文名称												
												限35个汉字	

研究起始时间	□□□□□□□□	研究终止时间	□□□□□□□□

申请鉴定单位	单位名称					
	隶属省部	代码	□□□	名称		
	所在地区	代码	□□□	名称		单位属性（ ）	1.独立科研机构 2.大专院校 3.工矿企业 4.集体个体 5.其他
	联系人					
	邮政编码		联系电话	1._____ 2._____		
	通信地址					

任务来源	( )	1-国家计划　2-省部计划　3-计划外		
成果有无密级	( )	0-无　1-有	密　级　( )	1-秘密　2-机密　3-绝密

内　容　简　介

内 容 简 介

技 术 资 料 目 录

主要研制人员名单

序号	姓名	性别	出生年月	技术职称	文化程度（学位）	工作单位	对成果创造性贡献
1							
2							
3							
4							
5							
6							
7							
8							
9							
10							
11							
12							
13							
14							
15							

注：主要研制人员超过15人可加附页

申 请 鉴 定 单 位 意 见
领导签字_____(盖章)
主 管 业 务 部 门 意 见
领导签字_____(盖章)
任 务 下 达 单 位 意 见
领导签字_____(盖章)
组 织 鉴 定 单 位 意 见
经办人_____(签字);主管领导_____(签字)

鉴定形式	

填 写 说 明

1. **《科技成果鉴定申请表》**：本表规格为标准 A4 纸，竖装。必须打印或铅印，字体为 4 号字。
2. **成果名称**：由成果完成单位填写。
3. **完成单位**：指承担该项目主要研制任务的单位。由二个以上单位共同完成时，原则按计划任务书或技术合同中研制单位的顺序由第一完成单位填写，如有变化，填写前，完成单位必须协商一致。
4. **申请鉴定单位**：由成果完成单位填写，名称必须与单位公章完全一致。二个以上单位完成的，原则由计划任务书或合同书中第一承担单位提出申请，如有变化，在提出申请鉴定之前，各完成单位必须协商一致。
5. **申请鉴定日期**：由成果完成单位填写，并以申请鉴定单位盖章日期为准。
6. **申请组织鉴定单位**：指向有组织鉴定权，并向其提出鉴定申请的单位。由成果完成单位填写。
7. **组织鉴定单位受理日期**：指申请鉴定单位将本鉴定申请表送达申请组织鉴定单位的日期。由经办人填写并签字。
8. 申请表中的"**科技成果名称**"必须填写全称，并与封面上的科技成果名称完全一致。
9. **研究起始时间**：是指该项成果开始研究或开发的时间，应以计划任务书或合同、协议书上的时间为准。
10. **研究终止时间**：是指该成果最终完成的时间为准。
11. **申请鉴定单位**：
    （1）**单位名称**：即封面上的申请鉴定单位。
    （2）**隶属省部**：指申请鉴定单位的行政隶属关系属于哪个地方或部门，如果本单位有双重隶属关系，请按本单位最主要的隶属关系填写。隶属省部的名称由申请鉴定单位填写，代码由申请组织鉴定单位按照"省、自治区、直辖市名称与代码；国务院各部、委、局及其机构名称与代码"填写。
    （3）**所在地区**：是指鉴定申请单位所在的省、自治区、直辖市，地区名称由申请鉴定单位填写，代码由申请组织鉴定单位按照"省、自治区、直辖市名称与代码"填写。
    （4）**单位属性**：是指成果第一完成单位在 1. 独立科研机构　2. 大专院校　3. 工矿企业　4. 集体个体　5. 其他五类性质中属于哪一类，并在括号中填相应的数字即可。
    （5）**联系人**：是指申请鉴定单位的该项成果的技术负责人。
    （6）**通信地址**：指鉴定申请单位的通信地址，要依次写明省、市（区）、县、街和门牌号码。
12. **任务来源**：是指该项目隶属于哪个计划，请在括号中选填 1.2.3. 即可。
13. **成果有无密级**：根据国家有关科技保密规定，确定该项目是否有密级。
14. **密级**：根据国家有关科技保密的规定确定的密级。该项目如无密级此栏可不填，如有密级请在括号内选填 1.2.3. 即可。
15. **内容简介**，应包括如下内容：
    （1）任务来源：计划项目应写清计划名称及其编号。计划外的应说明是横向或自选项目。
    （2）应用领域和技术原理。
    （3）性能指标（写明计划任务书或合同书要求的主要性能指标和实际达到的性能指标）。
    （4）与国内外同类技术比较。
    （5）成果的创造性、先进性。
    （6）作用意义（直接经济效益和社会意义）。
    （7）推广应用的范围、条件和前景以及存在的问题和改进意见。
16. **技术资料目录**：指按照规定应由申请鉴定单位提供的主要文件和技术资料。
17. **主要研究人员**：由成果完成单位根据研究人员对成果的创造性贡献大小顺序填写。并应得到所有完成单位的认可。

18. **申请鉴定单位意见**：由申请鉴定单位填写，经领导签字后，加盖单位公章。
19. **主管业务部门意见**：由申请鉴定单位的上级业务主管部门填写，经领导签字后，加盖单位公章。
20. **任务下达单位意见**：由该项目的任务下达单位填写，经领导签字后，加盖单位公章。
21. **组织鉴定单位意见**：由组织鉴定单位填写，由经办人和主管领导签字。
22. **鉴定形式**：由组织鉴定单位填写。

附 录 B
（规范性附录）
科学技术成果鉴定证书

成果登记	登 记 号	
	批准日期	

科学技术成果鉴定证书

鉴定[　　　　]第　　　　号

成果名称：

完成单位：

鉴 定 形 式：
组织鉴定单位：　　　　　　　　　　　　　　（盖章）
鉴 定 日 期：
鉴定批准日期：

国家科学技术委员会

一九九四年制

简要技术说明及主要技术性能指标

推 广 应 用 前 景 与 措 施

主要技术文件目录及来源

QX/T 34—2005

鉴 定 委 员 会 专 家 测 试 报 告
测试组长：_____签字 成员：_____、_____、_____、_____ _____年_____月_____日

QX/T 34—2005

鉴 定 意 见

鉴定委员会主任：_____ 副主任：_____、_____

_____ 年_____月_____日

主持鉴定单位意见
         主管领导签字：_____（盖章） _____年_____月_____日
组织鉴定单位意见
        主管领导签字：_____（盖章） _____年_____月_____日

QX/T 34—2005

科技成果完成单位情况

序号	完成单位名称	邮政编码	所在省市代码	详细通信地址	隶属省部	单位属性
1						
2						
3						
4						
5						
6						
7						
8						

注：1. 完成单位序号超过8个可加附页。其顺序必须与鉴定证书封面上的顺序完全一致。
  2. 完成单位名称必须填写全称，不得简化，与单位公章完全一致，并填入完成单位名称的第一栏中。其下属机构名称则填入第二栏中。
  3. 所在省市代码由组织鉴定单位按省、自治区、直辖市和国务院各部门及其他机构名称代码填写。
  4. 详细通信地址要写明省(自治区、直辖市)、市(地区)、县(区)、街道和门牌号码。
  5. 隶属省部是指本单位和行政关系隶属于哪一个省、自治区、直辖市或国务院部门主管。并将其名称填入表中。如果本单位有地方/部门双重隶属关系，请按主要的隶属关系填写。
  6. 单位属性是指本单位在 1.独立科研机构 2.大专院校 3.工矿企业 4.集体或个体企业 5.其他五类性质中属于哪一类，并在栏中选填1.2.3.4.5即可。

主要研制人员名单

序号	姓名	性别	出生年月	技术职称	文化程度	工作单位	对成果创造性贡献
1							
2							
3							
4							
5							
6							
7							
8							
9							
10							
11							
12							
13							
14							
15							

鉴定委员会名单

序号	鉴定会职务	姓　名	工作单位	所学专业	现从事专业	职称职务	签　名
1							
2							
3							
4							
5							
6							
7							
8							
9							
10							
11							
12							
13							
14							
15							

QX/T 34—2005

科技成果登记表

成果名称				
				限35个汉字

研究起始时间	□□□□□□□□	研究终止时间	□□□□□□□□

成果第一完成单位	单位名称					
	隶属省部	代码 □□□	名称			
	所在地区	代码 □□□	名称		单位属性 ( )	1.独立科研机构　2.大专院校　3.工矿企业 4.集体个体　5.其他
	联系人					
	邮政编码		联系电话	1.＿＿＿＿＿　2.＿＿＿＿＿		
	通信地址					

鉴定日期	□□□□□□□□	鉴定批准日期	□□□□□□□□

组织鉴定单位名称	
	限20个汉字

成果有无密级	( )	0-无　1-有	密　级	( )	1-秘密　2-机密　3-绝密

成果水平	( ) 1-国际领先　2-国际先进　3-国内领先　4-国内先进
任务来源	( ) 1-国家计划　2-省部计划　3-计划外
应用行业大类	( ) 01-农、林、牧、渔、水利　02-工业　03-地质普查和勘探业　04-建筑业　05-交通运输、邮电通讯业　06-商业、饮食、物资供销和仓储业　07-房地产、公用事业居民和咨询服务业　08-卫生、体育、社会、福利业　09-教育、文化、艺术、广播和电视业　10-科学研究和综合技术服务业　11-金融、保险业　12-其他行业
应用情况	( ) 1-已应用　未应用原因　A-无接产单位　B-缺乏资金　C-技术不配套　D-工业性实验前成果　E-其他
转让范围	( ) 1-允许出口　2-限国内转让　3-不转让

科研投资(万元)		应用投资(万元)	
国家投资		国家投资	
地方、部门投资		地方、部门投资	
其他单位投资		其他单位投资	
合　　计		合　　计	

本　年　度　经　济　效　益　（万元或万美元）					
新增产值		新增利税		其中创收外汇	

QX/T 34—2005

填 写 说 明

1. 《科学技术成果鉴定证书》。本证书规格一律为标准 A4 纸,竖装。必须打印或铅印,字体为 4 号字。

本证书为国家科学技术委员会制定的标准格式,任何部门、单位、个人均不得擅自改变内容、增减证书中栏目。

2. **编号**:指组织鉴定单位科技成果管理机构按年度组织鉴定的顺序编号。(如国家科委 1994 年组织鉴定项目编号为国科鉴字[1994]×××号)。

3. **成果名称**:申请鉴定时经组织鉴定单位审查同意使用的成果名称。

4. **成果完成单位**:指承担该项目主要研制任务的单位。由二个以上单位共同完成时,按技术合同中研制单位顺序排列(与《科技成果鉴定申请表》中成果完成单位排列一致)。

5. **组织鉴定单位**:组织此项成果鉴定的单位。

6. **鉴定形式**:指该项成果鉴定所采用的鉴定形式,即检测鉴定、函审鉴定或会议鉴定。

7. **鉴定日期**:指该项成果通过专家鉴定的日期。

8. **鉴定批准日期**:组织鉴定单位签署意见的日期。

9. **技术简要说明和主要性能指标**:应包括如下内容:

(1)任务来源:计划项目应写清计划名称及其编号。计划外的应说明是横向或自选项目。

(2)应用领域和技术原理。

(3)性能指标(写明合同要求的主要性能指标和实际达到的性能指标)。

(4)与国内外同类技术比较。

(5)成果的创造性、先进性。

(6)作用意义(直接经济效益和社会意义)。

(7)推广应用的范围、条件和前景以及存在的问题和改进意见。

10. **主要文件和技术资料目录**:指按照规定由申请鉴定单位必须递交的主要文件和技术资料。

11. **测试报告**:指采用会议鉴定形式时,根据需要由组织鉴定单位聘请的专家测试组到现场进行测试结果的报告。

12. **鉴定意见**:会议鉴定是鉴定委员会形成的鉴定意见;函审鉴定是函审专家组正副组长根据函审专家函意见汇总形成的意见;检测鉴定是检测机构出具的"检测结论"(含必要时聘请 3 至 5 名专家提出的综合评价意见)。

13. **主要研制人员名单**:由成果完成单位填写。填写内容与《科技成果鉴定申请表》中的主要研制人员名单相同。

14. **鉴定专家名单**:采用会议鉴定时,由参加鉴定会的专家亲自填写;采用函审鉴定时,由组织鉴定单位根据函审专家填写的《科技成果函审表》中有关内容填写;采用检测鉴定时,由组织鉴定单位根据专家在《检测鉴定检测报告》中的"专家评价意见"填写。

15. **主持鉴定单位意见**:由受组织鉴定单位委托,具体主持该项成果鉴定工作的单位填写,单位领导签字,并加盖公章。

16. **组织鉴定单位意见**:由负责该项成果鉴定工作的省、自治区、直辖市科委,国务院有关部门科技成果管理机构和经授权的组织鉴定单位填写,由主管领导签字。

17. **科技成果登记表**:本表仅适用于以鉴定方式评价的科技成果。

(1)**登记号**(封面):指省、部级科技成果管理机构根据省、部级重大科技成果登记的条件,确认该项成果满足登记条件后,按年度登记成果的顺序编号,由省、部级科技成果管理机构填写。

(2)**批准日期**(封面):指批准该项成果登记的日期,由省、部级科技成果管理机构填写。

(3)**科技成果名称**:必须填写科技成果的全称,并且要与封面上的名称完全一致。

(4) **研究起始时间**：是指该项成果开始研究或开发的时间，应以计划任务书或合同、协议书上的时间为准。

(5) **研究终止时间**：是指该成果最终完成的时间，并以评价完成日为准。

(6) **第一完成单位**：是指项目合同或计划任务书中第一承担单位，应与封面的第一个单位相同。

(7) **隶属省部**：指第一完成单位的行政隶属关系属于哪个地方或部门，如果本单位有双重隶属关系，请按本单位主要的隶属关系填写。隶属省部的**名称**由成果完成单位填写，**代码**由组织鉴定单位按照"省、自治区、直辖市和国务院各部门机构名称与代码"填写。

(8) **所在地区**：是指成果第一完成单位所在的省、自治区、直辖市，地区**名称**由成果完成单位填写，代码由组织鉴定单位按照"省、自治区、直辖市名称与代码"填写。

(9) **单位属性**：是指成果第一完成单位在 1. 独立科研机构　2. 大专院校　3. 工矿企业　4. 集体个体　5. 其他五类性质中属于哪一类，并在括号中选填相应的数字即可。

(10) **联系人**：是指该项成果的主要技术负责人。

(11) **通信地址**：指成果第一完成单位的通信地址，要依次写明省、市（区）、县、街和门牌号码。

(12) **组织鉴定单位名称**：是指对该成果组织鉴定的单位，组织鉴定单位如果是两个或两个以上，单位名称之间用"、"分开，如超过20个汉字可用通用的简称。

(13) **成果有无密级**：是指该项成果按照国家有关科技保密的规定确定其是否有密级，并在括号内选填 0 或 1 即可。

(14) **密级**：是指该项成果按照国家有关科技保密的规定而确定的密级。该项目如无密级此栏可不填，如有密级请在括号内选填 1.2.3. 即可。

(15) **成果水平**：是指该项成果达到的整体技术水平，以评价结论为准，并在括号内选填 1.2.3.4. 即可。

(16) **任务来源**：是指该项目隶属于哪个计划，请在括号中选填 1.2.3 即可。

(17) **成果应用行业**：是指该项成果应用的行业。请在括号内填与应用行业相对应的一个两位数即可。

(18) **应用情况**：是指该项成果是否已应用，已应用的在括号内填入数字 1；未应用的请根据具体情况在括号内选填 A.B.C.D.E. 即可。

(19) **转让范围**：请在括号内选填 1.2.3. 即可。

(20) **科研投资**：是指该项成果在研究开发过程中的投资金额，分为国家投资，地方、部门投资，以及其他单位投资三项。

(21) **应用投资**：是指为应用该项成果投入的资金，分为国家投资，地方和部门投资，以及其他单位投资三项。已应用的该项成果需填写本栏目。

(22) **本年度经济效益**：已应用的该项成果需填写本栏目，并只计算本年度的新增产值、新增利税和其中创收外汇的情况。

18. 组织鉴定单位对鉴定证书所有栏目审查无误后，方可加盖"科技成果鉴定专用章"，鉴定证书生效。

QX/T 34—2005

附 录 C
（规范性附录）
科技成果检测鉴定检测任务委托书

关于委托承担检测鉴定检测任务的通知（格式）

_____：

根据《科技成果鉴定办法》和《科技成果鉴定规程》的有关规定，现委托你单位承担对_____项目进行检测鉴定，具体内容与要求详见《科技成果检测鉴定检测任务委托书》。请你单位严格遵照《科技成果检测鉴定规则（试行）》的规定，认真组织实施。

（组织鉴定单位）（盖章）
一九   年   月   日

QX/T 34—2005

科技成果检测鉴定
检测任务委托书

（　）科检鉴定［　　　］　　号

成果名称：

完成单位：

检测单位：

委托日期：

组织鉴定单位：　　　　　　　　　　　　　　　　　（盖章）

国家科学技术委员会
一九九四年制

说 明

1. 本委托书由组织鉴定单位填写。
2. 本委托书有效期自检测单位收到之日起二个月内有效。
3. 检测单位对委托书的内容若有异议,应于收到委托书之日起10日内向组织鉴定单位提出。
4. 检测内容包括:检测项目、性能、参数、技术指标等。
5. 检测单位应于收到本委托书一个月内完成检测任务,并向组织鉴定单位提交检测报告。

成果名称													

限 35 个汉字

成果第一完成单位	单位名称						
	隶属省部	代码	□□□	名称		单位属性（ ）	1.独立科研机构 2.大专院校 3.工矿企业 4.集体个体 5.其他
	所在地区	代码	□□□	名称			
	联系人						
	邮政编码			联系电话	1._____ 2._____		
	通信地址						

委托检测机构	

限 20 个汉字

组织鉴定单位名称	

限 20 个汉字

成果有无密级	( )	0-无 1-有	密　级	( )	1-秘密 2-机密 3-绝密

样品名称与型号	
样品数量（台套）	

检 测 内 容			
序号	检测项目	技术指标	备　注

附 页

经办人_____(签字)

一九_____年_____月_____日

填 写 说 明

1. 本委托书由组织鉴定单位填写；规格为 A4 纸，竖装。必须打印或铅印，字体为 4 号字。
2. **委托书编号**：指组织鉴定单位科技成果管理机构按年度采用检测鉴定的顺序编号（如国家科委1994 年采用检测鉴定的项目编号为国科检鉴字[1994]×××号）。
3. **成果名称**：申请鉴定时组织鉴定单位审查同意使用的成果名称。
4. **完成单位**：即《科技成果鉴定申请表》中的完成单位，排列顺序也必须与申请表中的顺序一致。
5. **检测单位**：指组织鉴定单位根据检测鉴定项目而指派的某个执行该项目检测鉴定检测任务的检测机构的名称。
6. **成果第一完成单位**：即《科技成果鉴定申请表》中的申请鉴定单位。表中有关成果第一完成单位的内容，均与《科技成果鉴定申请表》中的申请鉴定单位内容相同。
7. **成果有无密级**：根据国家有关科技保密的规定确定该项科技成果是否有密级。并在括号内选填 0.1. 即可。
8. **密级**：是指该成果按照国家有关科技保密的规定而确定的密级，该项目如无密级此栏可不填，如有密级请在括号内选填 1.2.3. 即可。
9. **样品名称与型号**：是指该项成果送检测机构检测的样品的名称和其型号。
10. **检测内容**：由组织鉴定单位根据计划任务书或合同书，以及成果的具体情况填写。检测内容如填写不下，可按相同格式另加附页。
11. 组织鉴定单位如需对本次检测任务进行说明或有特殊要求的，请填写在附页中。

附录 D
（规范性附录）
科技成果检测鉴定检测报告

完成检测鉴定检测任务的报告(格式)

_____

根据科技成果检测鉴定检测任务委托书(　　　科检鉴字[　　]号)的要求,并按照《检测鉴定规则(试行)》的有关规定,我单位已完成对_____项目的检测任务,现将《科技成果检测鉴定检测报告》送上,请审查。

(检测单位)(盖章)

一九　　年　　月　　日

编号：

科技成果检测鉴定
检　测　报　告

成果名称：

完成单位：

组织鉴定单位：

委托书编号：

检测单位：　　　　　　　　　　　　　　　　　　　　（盖章）

国家科学技术委员会
一九九四年制

说　明

1. 本报告为科技成果检测鉴定的主要依据。
2. 报告无"检测鉴定专用章"无效。
3. 复制报告未重新加盖"检测鉴定专用章"无效。
4. 报告必须打印,涂改无效。
5. 检测数据必须经审核并签字后,方可生效。
6. 本报告仅对被检测的样品负责。
7. 本报告完成后,检测单位应在一周内将检测结果通知成果完成单位。
8. 成果完成单位对检测数据如有异议,应在收到本报告10日之内,向组织鉴定单位提出异议意见,逾期一律不予受理。
9. 成果完成单位对检测数据如无异议或异议得到解决后,本报告由检测单位加盖"成果鉴定—检测专用章"后生效。
10. 有关检测鉴定工作中的其他问题,请严格按照《科技成果检测鉴定规则(试行)》的有关规定执行。

QX/T 34—2005

成果名称														
													限35个汉字	

检测样品送检单位	单位名称						
	隶属省部	代码 □□□	名称				
	所在地区	代码 □□□	名称		单位属性（ ）	1.独立科研机构 2.大专院校 3.工矿企业 4.集体个体 5.其他	
	联系人						
	邮政编码		联系电话	1._____	2._____		
	通信地址						

组织鉴定单位名称											
										限20个汉字	

成果有无密级	（ ）	0-无 1-有	密 级	（ ）	1-秘密 2-机密 3-绝密

样品名称与型号	
样品数量（台套）	

检 测 结 果

序号	检测项目	技术指标	检测数据	备 注

批准：_____　　审核：_____　　主检：_____

与国际、国家标准比较情况

与国内外先进水平比较情况

检 测 结 论

检测机构负责人_____（签字）

一九_____年_____月_____日

专家评价意见(必要时,可聘请3～5名专家商议后填写)

专家小组组长:_____ 副组长:_____、_____

一九_____年_____月_____日

备　　注

　　　　　　　　　　　　　　　　　　检测机构负责人_____（签字）

　　　　　　　　　　　　　　　　　　　　　一九_____年_____月_____日

填 写 说 明

1. 本检测报告由检测机构填写,规格为 A4 纸,竖装,必须打印或铅印,字体为 4 号字。
2. **编号**:指检测机构承担检测鉴定检测任务的顺序编号。
3. **成果名称**:指检测任务委托书中的成果名称。
4. **完成单位**:指检测任务委托书中的完成单位等名称和顺序必须与检测任务委托书完全一致。
5. **组织鉴定单位**:指检测委托书中的组织鉴定单位。
6. **委托书编号**:指检测委托书中的编号。
7. **检测单位**:指完成此次检测任务的检测机构。
8. **检测样品送检单位**:即为检测委托书中的成果第一完成单位,各栏目与检测委托书中相对应的栏目完全一致。
9. **成果有无密级**:根据国家有关科技保密的规定确定科技成果是否有密级,并与检测委托书中的填写结果相同。
10. **密级**:与检测委托书中的成果密级相同。
11. 检测结果如填写不下,可按相同格式增加附页,并由主检、审核、批准人签字。
12. 在实施检测任务时,出现的一些对本次鉴定工作有影响的问题和情况,需要向组织鉴定单位说明时,请填写在**备注栏**中。

附 录 E
（规范性附录）
科技成果鉴定函审表

科技成果鉴定函审表

成果名称：

完成单位：

组织鉴定单位：

送审日期：

国家科学技术委员会
一九九四年制

函审专家姓名				出生年月		技术职务	
文化程度(学位)				所学专业		现从事专业	
专家所在单位	单位名称						
	隶属省部	代码	□□□	名称			
	所在地区	代码	□□□	名称			
	邮政编码			联系电话	1.＿＿＿＿＿	2.＿＿＿＿＿	
	通信地址						
函审成果内容简介								

函 审 成 果 内 容 简 介（续）

技 术 资 料 目 录

函 审 意 见
函审专家签字：_____ _____年_____月_____日

QX/T 34—2005

填 写 说 明

1. **成果名称**：由成果完成单位填写。

2. **完成单位**：由成果完成单位填写，二个以上单位完成的，原则按计划任务书或合同书承担单位的顺序由第一单位填写，如有变化，填写前，各完成单位必须协商一致。

3. **组织鉴定单位**：由组织鉴定单位填写并加盖成果鉴定专用章。

4. **送审日期**：由组织鉴定单位填写。

5. **函审专家**

（1）函审专家的姓名、出生年月、技术职务、文化程度（学位）、所学专业、从事专业、工作单位、联系电话（单位、家）通信地址、邮政编码等均由函审专家填写。

（2）**单位名称**：必须填写全称，并与单位公章完全一致。

（3）**隶属省部**：指函审专家所在单位的行政隶属关系属于哪个地方或部门，如果本单位有双重隶属关系，请按本单位最主要的隶属关系填写。隶属省部的名称由成果完成单位填写，代码由组织鉴定单位按照"省、自治区、直辖市名称与代码以及国务院各部、委、局及其机构名称与代码"填写。

（4）**所在地区**：是指函审专家所在单位的所在省、自治区、直辖市，地区名称由成果完成单位填写，代码由组织鉴定单位按照"省、自治区、直辖市名称与代码"填写。

（5）**通信地址**：指函审专家所在单位的通信地址，由函审专家填写，要依次写明省、市（区）、县、街和门牌号码。

6. **函审内容简介** 由成果完成单位填写，主要内容包括：

（1）任务来源：计划项目应写清计划名称及其编号。计划外的应说明是接受委托或自选项目。

（2）应用领域和技术原理。

（3）性能指标（写明计划任务书或合同书要求的主要性能指标和实际达到的性能指标）。

（4）与国内外同类技术比较。

（5）成果的创造性、先进性。

（6）作用意义（直接经济效益和社会意义）。

（7）推广应用的范围、条件和前景以及存在的问题和改进意见。

7. **技术资料目录**：由成果完成单位填写，目录应与送专家审查的资料相符。

8. **审查意见**：审查意见内容主要包括：是否完成计划任务书或合同要求的指标；技术资料是否齐全完整，并符合规定；应用技术成果的创造性、先进性和成熟程度；应用情况、推广的条件和前景；存在的问题和改进意见。由函审专家亲自填写并签字。

ICS 07.060
A 47

QX/T 35—2005

中华人民共和国气象行业标准

气象用湿球纱布

Meteorological wet bulb gauze

2005-12-21 发布

2006-06-01 实施

中国气象局　发布

QX/T 35—2005

前　言

本标准的制定是为了提高湿球纱布的质量,更好地对纱布生产进行指导和监督,从而改变原生产及检验过程无标准可循的状态。

本标准是根据中华人民共和国国家标准 GB/T 1.1—2000《标准化工作导则　第1部分:标准的结构和编写规则》编制的。

本标准由中国气象局提出并归口。

本标准起草单位:中国气象局上海物资管理处。

本标准主要起草人:郑钢、孙宜军、唐秀雄。

气象用湿球纱布

1 范围

本标准规定了湿球温度表用脱脂纱布(以下简称湿球纱布)的技术要求、检验方法、检验规则、标志。

本标准适用于湿球纱布的生产和质量检验。

本标准也适用于湿球纱套的生产和质量检验(规格尺寸除外)。

2 规范性引用文件

下列文件中的条款通过本标准的引用而成为本标准的条款。凡是注日期的引用文件,其随后所有的修改单(不包括勘误的内容)或修订版均不适用于本标准,然而,鼓励根据本标准达成协议的各方研究是否可使用这些文件的最新版本。凡是不注日期的引用文件,其最新版本适用于本标准。

GB/T 191 包装储运图示标志(GB/T 191—2000,eqv ISO 780:1997)

GB/T 8424.2—2001 纺织品 色牢度试验 相对白度的仪器评定方法(eqv ISO 105-J02:1997)

FZ/T 01071—1999 纺织品毛细效应试验方法

3 术语

3.1
毛细效应

纺织材料或纺织品的一端,在被液体浸润的状态下,液体借助表面张力沿其毛细管上升的现象,用高度表示。

3.2
水中可溶物项下滤液

取本品12.5 g(称准量0.1 mg)置烧杯中,加新沸过的热蒸馏水400 mL,加热煮沸15 min,冷至室温后,将水浸液移至500 mL量瓶中,用新沸过的热水多次洗涤,合并洗液,冷至室温后,并入量瓶中,加水至刻度,摇匀,过滤。

4 技术要求

4.1 性状

湿球纱布应脱脂、柔软、无臭、无味。

4.2 白度

湿球纱布白度应不低于70度。

4.3 纱线号数

湿球纱布经纬向均采用14 tex(42^s)纯棉纱。

4.4 经纬密度

湿球纱布经纬密度(根/10 cm)一般为(248根×244根)/(63 mm×62 mm),允许偏差±1.5%。

4.5 规格尺寸

湿球纱布(一卷)规格应为(43 mm±1 mm)×(4 000 mm±20 mm)。展开后两侧边沿应平直。

4.6 酸碱度

酸碱度应为中性,100 mL的供试液中加酚酞指示剂不得显粉红色,加溴甲酚紫指示剂不得显黄色。

4.7 毛细效应

湿球纱布毛细效应应为 10 min 水渗透高度为≥80 mm。

4.8 淀粉和糊精含量

在 100 mL 的供试液中加碘试剂,不得显蓝色或紫色。

5 试验及检验方法

5.1 试验及检验要求

各项试验及检验应在各方法标准规定的标准条件下进行。

5.2 性状

用目测、触觉和嗅觉检验外观与异味,结果应符合 4.1 要求。

5.3 白度

用满足 GB/T 8424.2—2001 规定的白度仪,取湿球纱布折叠成一定的厚度(以保证当厚度再增加时仍不会改变光谱反射比值),放在白度仪上,任选三处测试,读取白度仪上所显数字的平均值即为该纱布的白度,其结果应符合 4.2 要求。

5.4 经纬密度

随机取湿球纱布 3 卷,每卷各剪取 43 mm×100 mm 大小的纱布样品 1 块,经专用织物密度镜检查经、纬密度根数,取其算术平均值,结果应符合 4.4 要求。

5.5 规格尺寸

随机取湿球纱布 3 卷,逐步自然展开铺平,目测两边沿应平直,测量长、宽尺寸,取其算术平均值,结果应符合 4.5 要求。

5.6 酸碱度

取水中可溶物项下滤液 100 mL,加酚酞指示剂 3 滴,观察溶液颜色,另取水中可溶物项下滤液 100 mL,加溴甲酚紫指示剂 2 滴,观察溶液颜色,其结果应符合 4.6 要求。

5.7 毛细效应

5.7.1 试验条件

根据 FZ/T 01071—1999 规定,取 43 mm×300 mm 试样 3 条,将试样在温度为 20℃±2℃,相对湿度为 65%±3% 的标准大气条件下放置 24 h 后进行试验。毛细效应仪器中的水温应在 27℃±2℃。

5.7.2 操作程序

a) 将蒸馏水或 0.5% 重铬酸钾溶液,注入不锈钢恒温槽内,至适当高度。
b) 使恒温槽内液体温度保持在 27℃±2℃ 范围内。
c) 调整仪器,使液面均处于标尺的零位。
d) 将试样放在夹样装置里夹紧。
e) 在试样下端 80 mm~100 mm 处装上 3 g 张力夹。张力夹上平面与标尺的零位线对齐。
f) 设定测试时间为 10 min。
g) 开始测试,10 min 时蜂鸣器响,立刻量取每根试样条的渗液高度。
h) 在渗液高度参差不齐时,测量渗液最低值。

5.7.3 计算

毛细效应计算公式,见式(1):

$$H = \frac{\sum_{i=1}^{n} hi}{n} \quad \cdots\cdots\cdots\cdots\cdots\cdots\cdots\cdots (1)$$

式中:

H——试样平均毛细效应,mm/10 min;

Σh_i——各条试样毛细效应最低值的总和;

i——$1,2,\cdots,n$;

n——试样条数。

计算到小数二位,按修约规则修约到一位小数。其计算结果应符合4.7要求。

5.8 淀粉和糊精含量

取水中可溶物项下滤液100 mL,加碘试剂2滴,观察溶液颜色,其结果应符合4.8要求。

6 检验规则

6.1 产品的抽样应在每批货物的不同包装内抽取。

6.2 抽取的样品在进行全项检验时,检验项目应全部合格。对经纬密度、规格尺寸项目中如有一项检测不符合要求时,允许重复抽样复验,复测后必须合格。

7 标志

气象用湿球纱布应标明下列内容

a) 制造单位名称、地址;

b) 产品名称;

c) 规格;

d) 出厂日期或生产批号;

e) 数量;

f) 体积(长×宽×高);

g) 贮运、储存条件。

8 包装、贮存

8.1 包装

8.1.1 内包装:每卷纱布应采用密封式包装,符合防潮要求。

8.1.2 外包装应符合GB/T 191的规定。

8.1.3 包装应能够防止机械损坏和使用前的污染。

8.1.4 包装箱内应附有产品合格证。

8.2 贮存

应贮存在通风、干燥、防腐的环境中。

ICS 07.060
A 47

中华人民共和国气象行业标准

QX/T 36—2005

GTS1 型数字探空仪

GTS1 digital radiosonde

2005-12-21 发布　　　　　　　　　　　　　　2006-06-01 实施

中国气象局　　发布

QX/T 36—2005

前 言

本标准是 GTS1 型数字探空仪产品的首次制定。

鉴于世界气象组织(WMO)要求以测量准确度(定量表示为不确定度)评估探空仪测量性能,本标准因此首次规定了探空仪温度、气压和湿度测量不确定度要求及置信水平。于是,对于测量性能的检验,本标准采用计量抽样检验国家标准。定型检验和周期检验执行 GB/T 8053—2001《不合格品率的计量标准型一次抽样检验程序及表》的规定,各检验点逐点统计判定是否接收。逐批检验执行 GB/T 6378—2002《不合格品率的计量抽样检验程序及图表(适用于连续批的检验)》的规定,各检验点一并统计判定是否接收。

在进行 GTS1 型数字探空仪除测量性能的其他性能检验时,逐批检验按 GB/T 2828.1—2003《计数抽样检验程序 第 1 部分:按接收质量限(AQL)检索的逐批检验抽样计划》规定;周期检验按 GB/T 2829—2002《周期检验计数抽样程序及表(适用于对过程稳定性的检验)》规定。

本标准由中国气象局提出并归口。

本标准起草单位:中国气象局上海物资管理处、上海长望气象科技有限公司。

本标准主要起草人:李吉明、孙宜军、薛蜀云。

QX/T 36—2005

GTS1 型数字探空仪

1 范围

本标准规定了 GTS1 型数字探空仪的分类与命名、要求、试验方法、检验规则和标志、包装、运输、贮存等要求。

本标准适用于 GTS1 型数字探空仪(以下简称探空仪)。

2 规范性引用文件

下列文件中的条款通过本标准的引用而成为本标准的条款。凡是注日期的引用文件，其随后所有的修改单(不包括勘误的内容)或修订版均不适用于本标准，然而，鼓励根据本标准达成协议的各方研究是否可使用这些文件的最新版本。凡是不注日期的引用文件，其最新版本适用于本标准。

GB/T 191—2000 包装储运图示标志(eqv ISO 780:1997)

GB/T 2828.1—2003 计数抽样检验程序 第 1 部分:按接收质量限(AQL)检索的逐批检验抽样计划(ISO 2859—1:1999,IDT)

GB/T 2829—2002 周期检验计数抽样程序及表(适用于对过程稳定性的检验)

GB/T 4883—1985 数据的统计处理和解释 正态样本异常值的判断和处理

GB/T 6378—2002 不合格品率的计量抽样检验程序及图表(适用于连续批的检验)(ISO 3951:1989,NEQ)

GB/T 8053—2001 不合格品率的计量标准型一次抽样检验程序及表

3 术语和定义

下列术语和定义适用于本标准。

3.1
淬频 quench frequency

一种正弦波，用来提高超再生应答器的接收灵敏度，它的频率在 1 MHz 左右，其幅度大小，与应答器工作方式有关。

若应答器的"回答信号"是采用使超高频间歇振荡器"提前振荡"工作方式，淬频采用小幅度(约等于应答器电源电压的 1%)调制，这种工作方式的优点是发射机输出功率大、回答灵敏度高，缺点是回答百分比低。

若应答器的"回答信号"是采用使超高频间歇振荡器振荡"幅度增强"工作方式，淬频采用大幅度(约等于应答器电源电压的 10%)"同步"方式，使超高频间歇振荡频率等于淬频频率，这种工作方式的优点是回答百分比高、超高频振荡信号的间歇频率稳定连续，有利于地面雷达跟踪，缺点是发射机输出脉冲功率较小，回答灵敏度较低。GTS1 型数字式探空仪是采用"幅度增强"工作方式的应答器。

3.2
缺口 break

"幅度增强"型应答器的重复频率与淬频(800 kHz)相等，此状态称为"同步"或称基本频率的"擒获"。在这种同步工作状态下，超高频发射机振荡状态不能达到饱和，称之为"欠饱和"。一旦接收到地面雷达的 0.8 μs 询问脉冲后，超高频振荡器在 0.8 μs 期间内产生谐振，振荡强度立即从"欠饱和"达到饱和，从而使这个饱和状态下的淬频幅度高于其它淬频幅度，称之为应答"鼓包"。

在 0.8 μs 谐振期间，超高频晶体管基极回路电流增大，使负偏压降低，造成"鼓包"后的第 1 个淬频

"失步",这样就会在一连串 800 kHz 间歇振荡频率中,少了一个 800 kHz 波形,故而形成"缺口"。

3.3

欠饱和振幅 under saturation amplitude

在"同步"工作状态下,淬频的正半周使超高频发射机振荡,振荡强度随 800 kHz 正弦波上升沿逐步加强,但是超高频振荡尚未达到最强时,就被 800 kHz 正弦波的下降沿削弱直到 800 kHz 负半周使超高频发射机停止振荡,所以地面雷达接收检波后的波形成尖顶形,而超高频间歇振荡若是自调制状态则其振荡包络成平顶形。这样超高频发射机接收到地面雷达询问信号,才有余量达到饱和振荡,产生应答"鼓包"和"缺口"。因此尖顶形振荡的输出幅度称之为"欠饱和振幅"。

3.4

副载波 subcarrier

副载波 32.7 kHz 振荡器由 32.7 kHz 晶体、电阻电容和运算放大器产生。其频率稳定度可达到 10^{-5}。数字探空仪的测量信息二进制码,首先调制在副载波上,再由副载波调制超高频发射机载波,因此地面雷达接收后,检波出来的信号包含三个信号:800 kHz 淬频、32.7 kHz 副载波和调制在副载波上的探空信息二进制码。这样就可以用窄带滤波器去掉 32.7 kHz 副载波信号,从而大大提高了探空信息解调设备的抗干扰能力,使探空记录的误码率明显降低。

4 分类与命名

4.1 型号命名:GTS1 型。

4.2 产品型式:数字式。

4.3 调制方式:调幅。

5 要求

5.1 外观和结构

5.1.1 外观

探空仪外观应平整、曲面无变形、无明显伤痕和污染;金属零件不应有锈蚀及机械损伤;热敏电阻涂复层应均匀无斑点、疵点,直径 0.8 mm~1.1 mm;产品标识和功能说明标志应清晰牢固。

5.1.2 结构

探空仪的元器件焊接和结构件的装配应准确、牢固可靠;紧固件应无松动,塑料件应无开裂、变形现象。

5.2 性能参数

5.2.1 测量性能

5.2.1.1 量程

温度:-90℃~50℃;

相对湿度:0%~100%;

气压:5 hPa~1 060 hPa。

5.2.1.2 测量范围和不确定度(置信水平 $k=1$)

5.2.1.2.1 温度

40℃~50℃: $\Delta T \leq 0.2$℃;

-80℃~40℃: $\Delta T \leq 0.2$℃;

-90℃~-80℃: $\Delta T \leq 0.3$℃。

5.2.1.2.2 湿度

湿度为 15%~95%:

环境温度≥-25℃,$\Delta U \leq 5\%$;

环境温度＜－25℃，$\Delta U \leqslant 10\%$。

5.2.1.2.3 气压

10 hPa～1 050 hPa：

气压$\geqslant$500 hPa，$\Delta p \leqslant 2$ hPa；

气压＜500 hPa，$\Delta p \leqslant 1$ hPa。

5.2.1.2.4 智能转换板

－90℃～50℃：$\Delta T \leqslant 0.1$℃。

5.2.2 基点

5.2.2.1 温度基点

温度基点：-0.3℃$\leqslant \Delta T \leqslant 0.3$℃。

5.2.2.2 气压基点

气压基点：-2 hPa$\leqslant \Delta p \leqslant 2$ hPa。

5.2.3 电气性能

5.2.3.1 载波中心频率 f_0：1 675 MHz（或 1 676.5 MHz）± 3 MHz。

5.2.3.2 载波频率稳定性：1 672 MHz～1 679.5 MHz。

5.2.3.3 发射功率 P：不小于 400 mW。

5.2.3.4 淬频频率：800 kHz± 15 kHz。

5.2.3.5 接收灵敏度：不大于 20 μW/m。

5.2.3.6 测距缺口与欠饱和振幅比：不小于 30%。

5.2.3.7 数字信号传输方式

数字 1 状态：发射机受 800 kHz 调制。

数字 0 状态：发射机受 32.7 kHz（或 31.25 kHz）方波调制。32.7 kHz 在高电平时关闭发射机，关闭时间 17 μs～23 μs；0 电平时发射机受 800 kHz 调制。

5.2.3.8 副载波频率：32.7 kHz（或 31.25 kHz）± 0.5 kHz。

5.2.3.9 传输速率：1 200 波特率。

5.2.3.10 采样周期：$t \leqslant 1.5$ s。

5.2.3.11 数据内容：探空仪号码、参考信号电压、温度信号电压、备用、气压附温信号电压、湿度信号电压、备用、气压信号电压、参考信号电压、采样时间、校验和。

5.2.4 供电电源

中心零电位，正负对称直流电压± 12.5 V～± 13.5 V。

5.2.5 外形尺寸

$(l \times b \times h)$mm：$190^{+2} \times 90^{+2} \times 245^{+2}$（包装状态）。

5.2.6 质量

$m \leqslant 400$ g（包括电池）。

5.2.7 镁电池

中心抽头，27 V± 2 V；工作时间平均不小于 100 min。

5.3 环境适应性

5.3.1 温度：-75℃～45℃。

5.3.2 相对湿度：90%（35℃）。

5.3.3 气压：5 hPa～1 060 hPa。

5.3.4 振动：单一频率正弦振动，频率 10 Hz～20 Hz、加速度 29.4 m/s^2；持续时间 30 min。

5.3.5 运输：用模拟运输台按加速度 29.4 m/s^2，频率 4 Hz，持续时间 2 h 进行。

5.4 贮存性能

在符合8.4的贮存条件下,保质期为24个月。

5.5 施放性能

在正常施放探测过程中,信号消失率应小于8%。

6 试验方法

6.1 试验条件

6.1.1 常规试验条件

a) 温度:15℃～35℃;
b) 湿度:45%～75%;
c) 气压:860 hPa～1 060 hPa;
d) 电源电压:中心零电位,正负对称直流电压±12.5 V,允差±0.1 V。

应记录试验时的实际环境条件。

6.1.2 试验设备要求

试验用仪器设备应符合表1的规定,试验所用的仪器设备应经检定或校准,并在有效期内。

表1

序号	仪器设备名称	技术要求	备注
1	频谱仪	频率范围:1 600 MHz～1 850 MHz,准确度:0.5 MHz	
2	脉冲示波器	频率范围:10 Hz～10 MHz	
3	频率计数器	频率范围:0～1 MHz,准确度:1个字	
4	超高频信号发生器	频率范围:1 600 MHz～1 850 MHz	
5	中功率计	测量范围:1 mW～1 000 mW,准确度:±7%	
6	十进位电阻箱	阻值可调范围:0～1 MΩ,准确度:0.05%	
7	直流稳压电源	0～15 V可调,二路输出电压,准确度:1%	
8	二等标准铂电阻温度计	测温范围:-80℃～50℃,准确度:±0.02%	
9	测温双臂电桥	测量范围:15Ω～31Ω,准确度:±0.02%	
10	压力测试仪	测压范围:5 hPa～1 300 hPa,准确度:±0.03%	
11	计算机	486以上微机	
12	5位半数字三用表	准确度:0.01%	
13	解调器	中心频率:32.7 kHz或31.25 kHz	
14	检波器	半波振子天线	
15	GEZ10型检测箱	$\triangle T \leqslant 0.1℃$(修正后);$\triangle U \leqslant 2\%$	
16	专用天线	阻抗 50Ω	
17	功率放大器	微波宽带放大	
18	直尺	测量范围:0～250 mm	
19	卡尺	测量范围:0～125 mm,准确度:0.02 mm	

表 1（续）

序号	仪器设备名称	技术要求	备注
20	天平秤	秤量范围：不小于 500 g，感量不大于 10 g	
21	温度校准设备	范围：−80℃～50℃，$\triangle T$(水平)≤0.01℃ $\triangle T$(垂直)≤0.02℃	
22	湿度校准设备	范围：15%～95%，$\triangle U$≤2%	
23	气压校准设备	范围：10 hPa～1 060 hPa，10 min 内漏气不大于 3 hPa	

6.2 外观和结构试验方法

6.2.1 外观用目测进行检查，热敏电阻外径用卡尺测量，应符合 5.1.1 的要求。

6.2.2 结构用目测和手感结合进行检查，应符合 5.1.2 的要求。

6.3 性能参数试验方法

6.3.1 测量范围和不确定度试验

6.3.1.1 准备工作

测试线路安排见图 1。接通转换器电源，工作电压为 ±12.5 V；接通解调器，计算机电源，运行计算机程序。

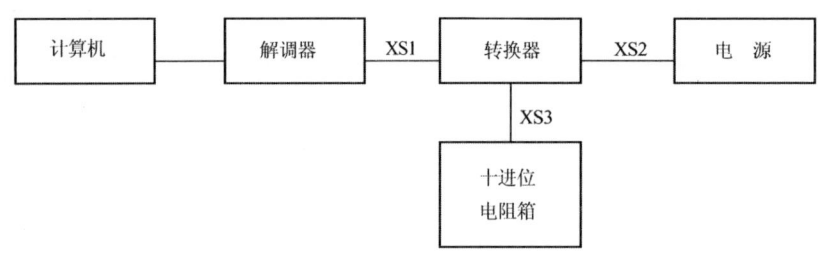

图 1

6.3.1.2 测量不确定度的合格判定

异常值的判断和处理按 GB/T 4883—1985 实施。

6.3.1.2.1 逐批检验

逐批检验按 GB/T 6378—2002 的综合双侧规格限检验方法进行。以 5.2.1.2 规定值的 ±2.05 倍分别作为上规格限 U 和下规格限 L。可接收质量水平 AQL=4.0。温度和气压检验水平为 Ⅱ，湿度检验水平为 Ⅰ。以批量（台数）和检验点数之积为批量（台点数）查得的样本量（台点数）除以检验点数得样本量（台数）。

6.3.1.2.2 定型检验和周期检验

定型检验和周期检验按 GB/T 8053—2001 的双侧规格限检验方式进行。以 5.2.1.2 规定值的 ±2.05 倍分别作为上规格限 U 和下规格限 L。湿度可接收质量 $p_0=0.500\%$，极限质量 $p_1=16.00\%$。温度、气压和智能转换板可接收质量 $p_0=0.500\%$，极限质量 $p_1=8.00\%$。

6.3.1.3 温度试验

6.3.1.3.1 从探空仪的温度支架上卸下热敏电阻。

6.3.1.3.2 被试验的热敏电阻置于温度校准设备中，在 −80℃～40℃ 之间取四点，相邻二点之间温差不小于 20℃ 的条件下测试；记录其在各温度点对应的热敏电阻阻值和温度测量值 $t_1、t_2、t_3、t_4$。

6.3.1.3.3 测试线路安排见图 1，将转换器插座 XS3 中的通道 1 与十进位电阻箱连接，用电阻箱阻值代替热敏电阻在抽取的四点温度时的电阻值；此时记录在计算机屏幕上 T 处得到的 $T_1、T_2、T_3、T_4$ 值。

6.3.1.3.4 计算差值：$\Delta T_i = T_i - t_i$，$i=1,2,3,4$。逐批检验时所有差值一起按 6.3.1.2.1 的方法计

算,应符合 5.2.1.2.1 的要求。

6.3.1.3.5 在定型检验和周期检验时增加 49℃～50℃ 检验点。各检验点差值按 6.3.1.2.2 的方法计算,应符合 5.2.1.2.1 的要求。

6.3.1.4 湿度试验

6.3.1.4.1 将湿度校准设备的温度分别控制在 10℃±2℃ 和 30℃±2℃;将湿敏电阻放入湿度校准设备中,在相对湿度为 $(93\pm5)\%$(u_1)、$(58\pm5)\%$(u_2)、$(15\pm5)\%$(u_3) 条件下进行测试,记录其在各湿度点对应的湿敏电阻阻值 R_U、湿度测量值 u 和温度测量值 T,在测试之前对湿敏电阻进行活化和基值(相对湿度为 0%)测定,取得 R_0、T_0 值。

6.3.1.4.2 测试线路安排见图 1,将转换器 XS3 插座中通道 4 的 1 MΩ 电阻断开,通道 4 和通道 1 分别接入替代湿敏电阻阻值的十进位电阻箱阻值 R_U 和替代热敏电阻的十进位电阻箱阻值 R_T;键盘键入 R_0、T_0 值。

6.3.1.4.3 顺序输入 R_U、R_T 值,此时记录在计算机屏幕上 U 处得到在 10℃ 和 30℃ 时的 U_1、U_2、U_3 值。

6.3.1.4.4 计算在 10℃ 和 30℃ 时的: $\Delta U_i = U_i - u_i$, $i=1、2、3$。逐批检验时所有差值一起按 6.3.1.2.1 的方法计算,应符合 5.2.1.2.2 的要求。

6.3.1.4.5 定型检验和周期检验时增加温度低于 −25℃ 时在相对湿度为 $(93\pm5)\%$(u_1)、$(58\pm5)\%$(u_2)、$(15\pm5)\%$(u_3) 条件下的测试。10℃ 和 30℃ 时的所有差值一起按 6.3.1.2.1 的方法计算,应符合 5.2.1.2.2 的要求。

6.3.1.5 气压试验

6.3.1.5.1 测试线路安排见图 1(XS3 插座不接十进位电阻箱),将气压转换器置于密封容器内,XS1 插座连接线通过密封橡皮塞与解调器、电源连接。当转换器接通电源后,在计算机屏幕上 P、T_p 处可读得地面气压 P_0 和气压传感器附温。

6.3.1.5.2 在常温和 −20℃～0℃ 中任一温度中测试,测试点为 800 hPa～1 050 hPa(p_1)、500 hPa～800 hPa(p_2)、200 hPa～500 hPa(p_3)、10 hPa～200 hPa(p_4),相邻二点之间气压差应大于 200 hPa;记录在计算机屏幕上 p 处得到的 p_1、p_2、p_3、p_4 值和气压测量值。

6.3.1.5.3 计算差值:$\Delta p_i = p_i - p_{0i}$,$i=1、2、3、4$。逐批检验时所有差值一起按 6.3.1.2.1 的方法计算,应符合 5.2.1.2.3 的要求。

6.3.1.5.4 定型检验和周期检验增加 1 049 hPa～1 050 hPa 和 10 hPa～11hPa 检验点。各检验点差值按 6.3.1.2.2 的方法计算,应符合 5.2.1.2.3 的要求。

6.3.1.6 智能转换板试验

测试线路安排见图 1,将智能转换板插座 XS3 中的通道 1 与十进位电阻箱连接,智能转换板分别放在常温、40℃±2℃、0℃±2℃、−20℃±2℃ 的环境中,用十进位电阻箱代替热敏电阻在 50℃、30℃、10℃、−10℃、−30℃、−50℃、−70℃、−90℃ 八个温度检验点的电阻值;然后记录在计算机屏幕上 T 处得到的四组 T_{50}、T_{30}、T_{10}、T_{-10}、T_{-30}、T_{-50}、T_{-70}、T_{-90} 值。其中在 40℃、0℃、−20℃ 时的三组值与常温值之差,按 6.3.1.2.2 的方法计算,应符合 5.2.1.2.4 的要求。

6.3.2 基点试验

测试线路安排见图 2。将带有热敏电阻的探空仪盒盖,与转换器 XS3 插座连接,置于检测箱内,然后接通发射机、转换器电源,工作电压为 ±12.5 V,此时可在计算机屏幕上得到温度值 T_1 和 p_1。

T_1 与检测箱温度表读数 T 之差值及 p_1 与压力测试仪读数 p 之差值,应符合 5.2.2 的要求。

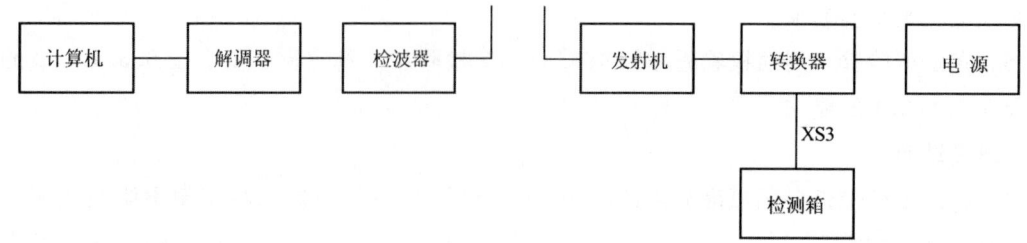

图 2

6.3.3 电气性能试验

6.3.3.1 载波中心频率试验

测试线路安排见图3。接通发射机和转换器的电源,用频谱仪测量其载波频率,应为1 675 MHz (或1 676.5 MHz)±3 MHz,即符合5.2.3.1的要求。

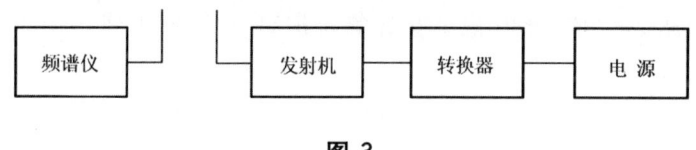

图 3

6.3.3.2 载波频率稳定性试验

测试线路安排见图3。将置于泡沫保温盒内的发射机和转换器放入专用试验箱内,接通±13.5 V 电源,测量载波频率 f_0;然后四周加入干冰,待转换器所在盒内温度降至-20℃,并将电源电压降低至 ±12.5 V,再测量载波频率,应为1 672 MHz~1 679.5 MHz,即符合5.2.3.2的要求。

6.3.3.3 发射功率试验

6.3.3.3.1 发射功率的试验采用替代法。测试线路安排见图4,测试环境应宽敞,四周应无影响测量结果的金属等反射物体。

6.3.3.3.2 将超高频信号发生器置于"等幅状态",将工作频率为 f_0 的高频信号输出至功率放大器的输入端,功率放大器的输出端与中功率计连接,调节放大器输出,使中功率计指示为400 mW。

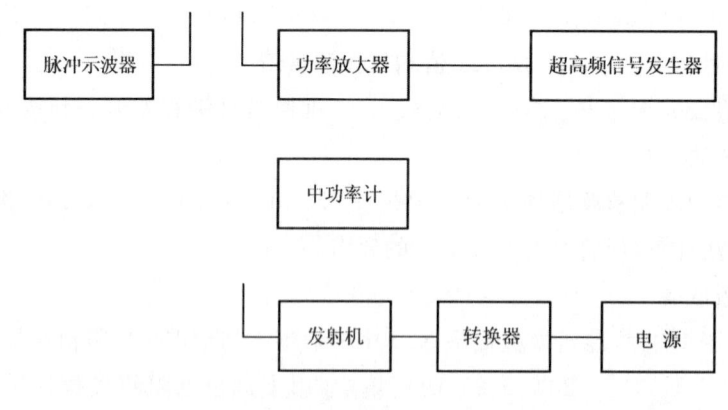

图 4

6.3.3.3.3 将超高频信号发生器置于"内方波状态",工作频率保持不变,功率放大器的输出与专用天线相连接。

6.3.3.3.4 脉冲示波器Y输入端的接收天线与专用天线之间距离为(60~100)cm,记录脉冲示波器显示脉冲幅度为 H_1,然后关闭超高频信号发生器。

6.3.3.3.5 接通探空仪发射机和转换器的电源,将发射机天线放置在原专用天线位置,记录脉冲示波器显示的脉冲幅度为 H_2。

若 $H_2 \geqslant H_1$,则发射机功率 $P \geqslant 400$ mW,即符合5.2.3.3的要求。

6.3.3.4 淬频频率试验

测试线路安排见图 5。频率计采样时间为 0.1 s,频率计应在多数时间内采样到淬频信号,其频率值应为 800 kHz±15 kHz,即符合 5.2.3.4 的要求。

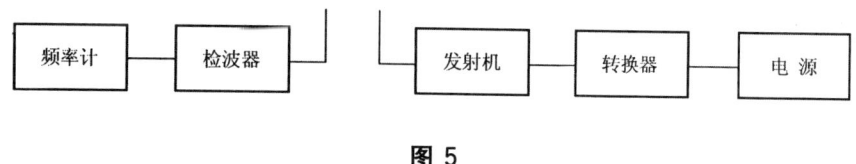

图 5

6.3.3.5 接收灵敏度试验

6.3.3.5.1 测试线路安排见图 6。测试环境应宽敞,四周应无影响测量结果的金属等反射物体。

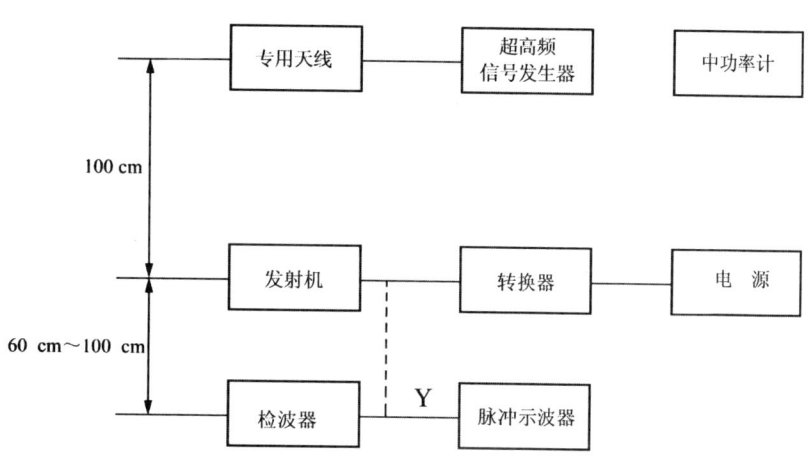

图 6

6.3.3.5.2 接通发射机和转换器的电源;接通超高频信号发生器、中功率计和脉冲示波器电源。将专用天线接到超高频信号发生器的"微瓦输出"端。

6.3.3.5.3 将发射机置于专用测试架上,并与专用天线相距 100 cm。减小超高频信号发生器输出信号,使探空仪回答信号处于临界状态(回答缺口可见,且无多缺口);此时用中功率计替代专用天线,测量超高频信号发生器输出功率,应小于或等于 20 μW。即符合 5.2.3.5 的要求。

6.3.3.6 测距缺口与欠饱和振幅比的试验

测量线路安排见图 6。超高频信号发生器输出功率置于 20 μW,用脉冲示波器测量回答缺口幅度 U_1 与欠饱和振荡的 800 kHz 幅度 U_2,U_1/U_2 不小于 0.3。即符合 5.2.3.6 的要求。

6.3.3.7 数字信号传输方式试验

测试线路安排见图 6。将脉冲示波器同步开关置于"内触发"位置;Y 输入端接至探空仪的转换器信号输出端(如图中虚线示连接)。仔细调节示波器同步旋钮,使发射信号同步在方波工作状态(即数字为 0),测量脉冲宽度应为 17 μs~23 μs,同时方波存在短时间闪动现象,即有数字 0 在发送。即符合 5.2.3.7 的要求。

6.3.3.8 副载波频率、传输速率、采样周期、数据内容试验

在进行 6.3.1.1 准备工作时,操作和观察计算机显示的界面内容可进行下列试验:

a) 屏幕显示内容清晰稳定,即副载波频率符合 5.2.3.8 的要求;传输速率符合 5.2.3.9 的要求;
b) 根据屏幕显示的相邻二次时间 t 的差值计算采样周期,应符合 5.2.3.10 的要求;
c) 观察屏幕显示的探空仪编号、时间、测量要素等内容无遗漏,即符合 5.2.3.11 的要求。

6.3.4 供电电源试验

除 5.2.3.2 载波频率稳定性和 5.2.3.3 发射功率以外,在进行 5.2.3 电气性能的每项试验后应同时将电源电压调高至±13.5 V再进行该项性能试验均应符合要求;即符合 5.2.4 供电电源的要求。

6.3.5 外形尺寸试验

探空仪按包装状态,用量程不小于 250 mm 的直尺测量其外形尺寸应符合 5.2.5 的要求。

6.3.6 质量试验

探空仪装入电池后按包装状态,用称量不小于 500 g,感量不大于 10 g 的天平秤称量其质量应符合 5.2.6 的要求。

6.3.7 镁电池放电试验

电池拆封后,将电池放入浓度 3%,温度 35℃±3℃的氯化钠溶液中浸泡 3 min,取出后滴去余水,测量其开路电压应在 28 V～29 V 之间。电池接入 100Ω 电阻赋能,当负载电压在 24.5 V～25 V 时断开赋能电阻接入放电电阻(290±5%)Ω 并测量负载电压,当负载电压大于或等于 25 V 后,把电池装入泡沫盒内并开始累计工作时间,在常温 10 min 后,用干冰逐渐降温直至全部覆盖干冰。每隔 10 min 测量负载电压一次,直至电压降至 25 V 为止,平均工作时间应不得小于 100 min,其中工作时间不得小于 80 min,工作时间小于 100 min 而大于或等于 80 min 的按可接收质量水平 AQL=10 判定接收,即符合 5.2.7 的要求。

6.4 环境适应性试验方法

6.4.1 温度环境试验

6.4.1.1 将发射机和转换器,置于 45℃的环境中放置 20 min 后,按工作状态连接通电,测量其电气性能应符合 5.2.3.1、5.2.3.4～5.2.3.11 的要求;探空仪的外观和结构应符合 5.1 的要求。

6.4.1.2 将发射机和转换器,置于-20℃的环境中放置 20 min 后,按工作状态连接通电,测量其电气性能应符合 5.2.3.1、5.2.3.5～5.2.3.11 的要求;探空仪的外观和结构应符合 5.1 的要求。

上述试验合格即符合 5.3.1 的要求。

6.4.2 湿度环境试验

探空仪按工作状态连接,置于(35±2)℃、相对湿度为 90%±3% 的湿度环境中,保持 30 min,试验后探空仪的外观和结构应符合 5.1 的要求;立即测量电气性能应符合 5.2.3.1、5.2.3.4～5.2.3.11 的要求。

上述试验合格即符合 5.3.2 的要求。

6.4.3 气压环境试验

在定型检验和需要时通过实际施放试验,验证探空仪电气性能应符合 5.2.3.1、5.2.3.4～5.2.3.11 的要求。

上述试验合格即符合 5.3.3 的要求。

6.4.4 振动环境试验

将探空仪按包装状态放在振动台上用夹具夹紧,然后作单一频率正弦振动,频率 10 Hz～20 Hz、加速度 29.4 m/s²,持续振动时间 30 min。试验后探空仪的外观和结构应符合 5.1 的要求,电气性能应符合 5.2.3.1、5.2.3.4～5.2.3.11 的要求。

上述试验合格即符合 5.3.4 的要求。

6.4.5 运输环境试验

探空仪按包装状态,在模拟运输试验台按 5.3.5 的要求进行试验。试验后探空仪的外观和结构应符合 5.1 的要求,电气性能应符合 5.2.3.1、5.2.3.4～5.2.3.11 的要求。

上述试验合格即符合 5.3.5 的要求。

7 检验规则

7.1 检验分类

探空仪的检验分为定型检验、逐批检验和周期检验。

7.2 定型检验

7.2.1 下列情况之一时需进行定型检验：

a) 新研制的产品定型鉴定时；
b) 产品转厂生产的试制定型时；
c) 停产两年又恢复生产时。

7.2.2 定型检验的测量性能按5.2.1的要求，试验方法和合格判定按6.3.1的规定进行。

7.2.3 定型检验的检验项目（除测量性能）、要求和试验方法应符合表2的规定。

表 2

序号	不合格分类	检验项目	要求章条	试验方法章条	不合格质量水平（RQL）	判别水平（DL）	样本量（n）	判定数组[Ac, Re]
1	A	结构	5.1.2	6.2.2	12	I	第一 20 第二 20	1,3 4,5
2	A	载波中心频率	5.2.3.1	6.3.3.1	12			1,3 4,5
3	A	发射功率	5.2.3.3	6.3.3.3	12			1,3 4,5
4	A	数字传输方式	5.2.3.7	6.3.3.7	12			1,3 4,5
5	B	基点	5.2.2	6.3.2	20			2,5 6,7
6	B	载波频率稳定性	5.2.3.2	6.3.3.2	20			2,5 6,7
7	B	淬频频率	5.2.3.4	6.3.3.4	20			2,5 6,7
8	B	接收灵敏度	5.2.3.5	6.3.3.5	20			2,5 6,7
9	B	测距缺口与欠饱和振幅比	5.2.3.6	6.3.3.6	20			2,5 6,7
10	B	副载波频率	5.2.3.8	6.3.3.8 a)	20			2,5 6,7
11	B	传输速率	5.2.3.9	6.3.3.8 a)	20			2,5 6,7
12	B	采样周期	5.2.3.10	6.3.3.8 b)	20			2,5 6,7
13	B	数据内容	5.2.3.11	6.3.3.8 c)	20			2,5 6,7
14	B	供电电源	5.2.4	6.3.4	20			2,5 6,7
15	C	外观	5.1.1	6.2.1	20			2,5 6,7
16	C	外形尺寸	5.2.5	6.3.5	20			2,5 6,7
17	C	质量	5.2.6	6.3.6	20			2,5 6,7
18	C	温度环境	5.3.1	6.4.1	20			2,5 6,7
19	C	湿度环境	5.3.2	6.4.2	20			2,5 6,7
20	C	气压环境	5.3.3	6.4.3	20			2,5 6,7
21	C	振动环境	5.3.4	6.4.4	20			2,5 6,7
22	C	运输环境	5.3.5	6.4.5	20			2,5 6,7
23	B	镁电池	5.2.7	6.3.7	20	I	10	12

7.2.4 定型检验的样本应从定型批量生产的产品中随机抽取,全部检验项目合格,即判定型检验合格。

7.2.5 对定型检验中出现的不合格项目应及时查明原因,提出改进措施,并重新进行该项目及相关项目的检验,直至合格。

7.3 逐批检验

7.3.1 每批探空仪必须由质量检验部门进行逐批检验(订货方可派代表参加),检验合格后方可入库、出厂。

7.3.2 探空仪的测量性能按5.2.1的要求(除5.2.1.2.1中的40℃～50℃、-90℃～-80℃项和5.2.1.2.4项),试验方法和合格判定按6.3.1的规定进行。

7.3.3 探空仪检验项目(除测量性能)的逐批检验采用 GB/T 2828.1—2003 二次抽样方案(镁电池采用 GB/T 2828.1—2003 一次抽样方案)。检验项目、顺序、不合格分类、检验水平(IL)、接收质量限(AQL)按表3的规定进行。批质量以每百单位产品不合格品数表示。

表 3

序号	不合格分类	检验项目	要求章条	试验方法章条	接受质量限(AQL)	检验水平(IL)
1	A	结构	5.1.2	6.2.2	1.5	I
2		载波中心频率	5.2.3.1	6.3.3.1		
3		数字信号传输方式	5.2.3.7	6.3.3.7		
4	B	外观	5.1.1	6.2.1	4.0	
5		基点	5.2.2	6.3.2		
6		淬频频率	5.2.3.4	6.3.3.4		
7		接收灵敏度	5.2.3.5	6.3.3.5		
8		测距缺口与欠饱和振幅比	5.2.3.6	6.3.3.6		
9		副载波频率	5.2.3.8	6.3.3.8 a)		
10		传输速率	5.2.3.9	6.3.3.8 a)		
11		采样周期	5.2.3.10	6.3.3.8 b)		
12		数据内容	5.2.3.11	6.3.3.8 c)		
13		供电电源	5.2.4	6.3.4		
14	B	镁电池	5.2.7	6.3.7		S-1

7.3.4 逐批检验被判为不合格的产品批,应退回制造部门按不合格项目进行100%挑剔,剔除不合格品补足批量数方可再提交检验,同时应附有该批报废数量及原因的简单说明。若再次提交产品批量仍不合格则该批产品不接收。此时应分析原因,提出改进措施和处理该批产品的方法。

7.4 周期检验

7.4.1 有下列情况之一时,应进行周期检验:

  a) 正式生产后,当产品的主要设计、工艺、材料及元器件(零部件)有较大改变,可能影响产品性能时;

  b) 正常生产时,应每半年进行一次检验;

  c) 产品停产超过半年后,恢复生产时;

  d) 逐批检验结果与上次周期检验有较大差异时;

  e) 各级政府和行政主管部门提出周期检验要求时。

7.4.2 周期检验的样本应在逐批检验合格的批中随机抽取。所需样本应一次抽足。

7.4.3 探空仪的测量性能按5.2.1的要求(5.2.1.2.1中的－90℃～－80℃项和5.2.1.2.4项不进行检验),试验方法和合格判定按6.3.1的规定进行。

7.4.4 探空仪检验项目(除测量性能)的周期检验采用GB/T 2829—2002的二次抽样方案。检验项目、顺序、不合格分类、不合格质量水平(RQL)、判别水平(DL)、样本量(n)、判定数组$\lfloor Ac, Re \rfloor$按表2的规定进行(除镁电池)。批质量以每百单位产品不合格品数表示。

7.4.5 若周期检验不合格,应分析原因,找出问题并落实措施,重新进行周期检验。若再次周期检验仍不合格,则应停产整顿,产品停止出厂;已出厂的产品由生产方与订货方协商解决,待解决了问题,周期检验合格后方可恢复逐批检验。

7.4.6 周期检验合格,经逐批检验合格的批,作为合格产品可以出厂或入库。若入库超过一年再出厂,则必须重新进行逐批检验。

7.4.7 周期检验合格的样本能否入库出厂,应由生产方与订货方协商;对于样本中未经检验的其他样本可以入库出厂。

7.4.8 根据订货方的要求生产方应提供周期检验报告。

7.5 贮存试验

在每批周期检验仪器中抽20台探空仪做贮存试验,一年后抽10台按周期检验要求对测量性能进行复测,两年后按周期检验要求对性能进行复测。每次测试结果记录在案,如有不合格,生产方应与订货方一起分析原因,采取改进措施,以提高产品贮存性能。

7.6 施放性能

探空仪在保质期间有不合格的,可将不合格探空仪或部件退回工厂进行调换。探空仪施放过程中,除地面设备故障或其他人为因素,消失率应小于8%。

8 标志、包装、运输、贮存

8.1 标志

8.1.1 产品标志

探空仪纸盒应在适当位置标明下列内容:

a) 产品型号名称及商标;
b) 执行的产品标准号;
c) 生产企业名称;
d) 生产日期、批号。

8.1.2 包装标志

探空仪包装箱应标明下列内容:

a) 产品型号名称及商标;
b) 生产企业名称、详细地址;
c) 符合GB/T 191—2000规定的"小心轻放"、"向上"、"怕雨"等包装储运图示标志;
d) 产品数量、体积、外形尺寸及重量;
e) 出厂日期;
f) 需要时还应标明发货、收货单位名称。

8.2 包装

8.2.1 每10套探空仪包装成一箱,探空仪的装箱和包装箱的制造,应按设计图纸的要求,须能避免运输中的受潮与损伤。

8.2.2 每个包装箱内应附有:

a) 产品合格证明　　　　　　　　1份。
　　b) 装箱单　　　　　　　　　　　1份。
内装：GTS1 型数字式探空仪　　　　10 台；
　　　XGH-02A 型湿敏电阻　　　　 10 只(1 瓶)；
　　　27 V 注水镁铜电池　　　　　10 只(1 条)；
　　　3.5 英寸软盘　　　　　　　　1 片；
　　　160 #腊绳(每根 33 m)　　　　330 m；
　　　拟合系数纸　　　　　　　　　1 份。

8.3 运输

装箱后的探空仪可航空、公路、铁路和水路运输；运输装卸过程中应避免高温日晒、雨雪淋湿和强烈撞击。

8.4 存贮

探空仪应贮存在相对湿度不大于80%，温度在－10℃～35℃并且没有急剧变化，通风良好和无腐蚀性有害气体，无强烈的机械振动、冲击、强电磁场作用的室内。

ICS 07.060
A 47

中华人民共和国气象行业标准

QX/T 37—2005

气象台站历史沿革数据文件格式

The file format of meteorological station history

2005-12-21 发布　　　　　　　　　　　　　　　　2006-06-01 实施

中国气象局　　发布

QX/T 37—2005

前　言

本标准由中国气象局提出。
本标准由中国气象局政策法规司归口。
本标准由国家气象信息中心负责起草。
本标准主要起草人：吴增祥、臧海佳。
本标准首次发布。

QX/T 37—2005

引 言

　　气象台站历史沿革信息是气象观测记录数据的重要背景信息,是了解气象数据、管理气象数据、应用气象数据所必需的基础信息。世界气象组织(WMO)和许多国家都十分重视气象台站历史沿革信息的收集、存档和利用,并成为国际间气象数据交换所必要提供的元数据重要内容之一。

　　长期以来,各级气象部门在气象台站历史沿革档案登记、归档方面做了大量的工作。但是,由于种种历史原因,目前我国气象台站历史沿革信息仍缺乏完整性、系统性和连续性。

　　为适应气象数据管理现代化建设和数据共享服务的需要,有必要建立一套科学有效的气象台站历史沿革信息的整理、归档、检索、应用的业务流程和制度。研究和设计实用、可行的中国气象台站历史沿革数据文件格式标准,正是实现这个目标任务的前提和基础。

　　本标准与中国气象局2003年11月颁发的《地面气象观测规范(气发[2003]273号)》所规定的《地面气象观测数据文件格式》、《地面气象年报数据文件格式》有关台站信息变动内容的编报格式和要求一致。本标准参考了世界气象组织(WMO)及美国国家气候资料中心(NCDC)的气象台站历史沿革内容,总体上反映了台站变动方面的信息,具有一定的国际通用性,能够满足国际资料交换所需要的台站沿革信息。

QX/T 37—2005

气象台站历史沿革数据文件格式

1 范围

本标准规定了中国地面、高空、辐射观测气象台站历史沿革数据文件格式及各项内容编制的具体要求。

本标准适用于中国地面、高空、辐射气象台站历史沿革数据的编报、存档和应用。

2 术语和定义

下列术语和定义适用于本标准。

2.1
台站档案号 station archive index number

按国家行政区划分方法,对气象台站进行的编号。用五位数字组成,其中前两位为台站所在的省、自治区、直辖市代码,后三位为台站的代码。

2.2
区站号 station identity number

按照世界气象组织(WMO)和国务院气象主管机构规定,为各种气象观测站确定的编号。用五位数字或字母组成,其中前两位为区号,后三位为站号。

2.3
观测要素 observation element

表示一定地点、一定时间天气状况特征的大气变量或现象。

注:气温、气压、湿度、风等。

2.4
障碍物 obstruction

气象台站观测场周围的建筑物、树木、山体等遮挡物边缘与观测场边缘的距离,小于其高度10倍时的遮挡物。

3 文件命名

3.1 命名

文件命名为"气象台站历史沿革数据文件",简称"L文件"。

3.2 类型

"L文件"为文本文件。

3.3 构成

"L文件"按不同气象台站类型,分为地面气象台站历史沿革数据文件、高空气象台站历史沿革数据文件、辐射气象台站历史沿革数据文件,文件名构成分别为:

"LDIIiiix$Y_1Y_1Y_1Y_1Y_2Y_2Y_2Y_2$.TXT"
"LGIIiiix$Y_1Y_1Y_1Y_1Y_2Y_2Y_2Y_2$.TXT"
"LRIIiiix$Y_1Y_1Y_1Y_1Y_2Y_2Y_2Y_2$.TXT"

其中:

"L"为文件标识符;

"D"、"G"、"R"分别为地面、高空、辐射气象台站的识别码;

"IIiii"为区站号；

"x"为专用识别码；

"$Y_1Y_1Y_1Y_1$"和"$Y_2Y_2Y_2Y_2$"分别为文件数据的开始年份和终止年份；

"TXT"为文件扩展名。

4 文件结构

"L文件"由"首部"和"沿革数据"两部分组成,文件结束符为"=<CR>"。

4.1 首部

文件的第一条记录,由"台站档案号"、"区站号"、"省(自治区、直辖市)名简称"、"站名简称"、"建站时间"、"撤站时间"六组数据组成,各组数据之间用"/"分隔。

4.2 沿革数据

4.2.1 沿革数据由20个项目组成,各项目标识码及名称如下：

01:台站名称	02:区站号	03:台站级别
04:所属机构	05[55]:台站位置	06:台站周围障碍物
07[77]:观测要素	08:观测仪器	09:观测时制
10:观测时间	11:守班情况	12:其他变动事项
13:图像文件	14:观测记录	15:观测规范
16:预留	17:预留	18:预留
19:沿革数据来源	20:文件编报人员	

其中：

a) 台站位置标识码："05"表示台站观测场位置变动；"55"表示经纬度、拔海高度因测量方法等原因改变或地名、地理环境变动,但台站观测场位置并没有变动。

b) 观测要素标识码："07"表示增加观测的气象要素；"77"表示减少观测的气象要素。

c) 高空气象台站历史沿革数据文件,"06"、"11"项省略不编报；辐射气象台站历史沿革数据文件, "11"项省略不编报。

d) 项目标识码"16"至"18"预留,以便项目内容扩充使用。

4.2.2 各项目由1条或多条记录组成,各条记录的结束符为"<CR>",表示回车换行。

4.2.3 各条记录由若干组数据组成,各组数据之间用"/"分隔。

4.2.4 各组数据长度不允许超过规定的最大字符数(见表1～表3)。

5 文件格式

5.1 格式

5.1.1 首部

台站档案号/区站号/省(自治区、直辖市)名简称/站名简称/建站时间/撤站时间<CR>

5.1.2 沿革数据

01/开始年月日/终止年月日/台站名称<CR>…

02/开始年月日/终止年月日/区站号<CR>…

03/开始年月日/终止年月日/台站级别<CR>…

04/开始年月日/终止年月日/所属机构<CR>…

05[55]/开始年月日/终止年月日/纬度/经度/观测场拔海高度/地址/地理环境/距原址距离;方向<CR>…

06/开始年月日/终止年月日/方位/障碍物名称/仰角/宽度角/距离<CR>…

07[77]/开始年月日/终止年月日/增[减]要素名称<CR>…

08/开始年月日/终止年月日/要素名称/仪器设备名称/仪器距地或平台高度/平台距观测场地面高度<CR>…

09/开始年月日/终止年月日/观测时制<CR>…

10/开始年月日/终止年月日/观测项目/观测次数/观测时间<CR>…

11/开始年月日/终止年月日/夜间守班情况<CR>…

12/开始年月日/终止年月日/事项说明<CR>…

13/图像文件名/图像文字说明<CR>…

14/开始年月日/终止年月日/观测记录载体名称<CR>…

15/开始年月日/终止年月日/观测规范名称及版本/颁发机构<CR>…

19/沿革数据来源<CR>…

20/文件编报人员/审核人员/编报日期＝<CR>

5.2 补充说明

5.2.1 同一气象台站历史沿革数据文件,可以分期编报,文件名中的"$Y_1Y_1Y_1Y_1$"和"$Y_2Y_2Y_2Y_2$"记录该文件数据的开始年份和终止年份。

  a) 气象台站首次编报的历史沿革数据文件,必须按格式要求逐项编报台站的初始情况及以后的各项变动情况。

  b) 某项有多次变动,按项目标识重复编报多条记录。

  c) 在首次编报基础上延续编报的某时段气象台站历史沿革数据文件,只须编报变动的项目。若某项目沿革无变动,该项省略;若所有项目沿革都无变动,文件编报格式为:

  "LDIiiix$Y_1Y_1Y_1Y_1Y_2Y_2Y_2Y_2$.TXT

  台站档案号/区站号/省(自治区、直辖市)名简称/站名简称/建站时间/撤站时间

  20/文件编报人员/审核人员/编报日期＝<CR>"

5.2.2 文件格式规定的各项目沿革内容,均必须照实编报。除建站时间、撤站时间、开始时间、终止时间外,如某组数据不明,用"?"表示;若某组无记录,用"－"表示。

  例如:某地面台站 1952 年 6 月 1 日(建站)至 1986 年 12 月 31 日,其台站周围障碍物变动情况不明,则文件中的 06 项填写为:

  "06/19520601/19861231/?/?/?/?/?"

  若某地面台站 1952 年 6 月 1 日(建站)至 1986 年 12 月 31 日,其台站周围无障碍物,则文件中的 06 项填写为:

  "06/19520601/19861231/－/－/－/－/－"

5.2.3 文件格式中有关项目用到的分隔符、标识符,如"/"、";"、"－"、"?"等,均为半角(占一个字符)。

6 文件项目内容细则

6.1 文件名(见表1)

表 1 文件名项目内容

序号	数据名称	标识码	注　释	长度	类型
1	文件类别标识	L	气象台站历史沿革数据文件简称"L文件"	1	字符
2	台站类别标识	D	地面气象台站	1	字符
		G	高空气象台站	1	字符
		R	辐射气象台站	1	字符

表 1（续）

序号	数据名称	标识码	注释	长度	类型
3	区站号	IIiii	国家基准气候站、国家基本气象站、一般气象站和高空气象台站的区站号由中国气象局按照世界气象组织的区站号编定办法统一编定。 各类中小尺度加密自动气象站（雨量站）、新增项目观测站、气象部门以外的其他气象观测站的区站号按"扩充气象观测站区站号"编定，即：II为区号，区号第一位由拉丁字母的A至Z组成，第二位由阿拉伯数字0至9组成，由中国气象局统一划分；iii为站号，由3位0至9阿拉伯数字组成。 建国前或已撤消的没有区站号的气象台站，文件名区站号用该台站所在市（县）现有的气象台站区站号代替。	5	字符
4	专用识别码	x	建国前或已撤消的没有区站号的气象台站识别码，用"A"、"B"…英文字母表示。如某市（县）建国前或已撤销的、未编区站号的气象台站有多个，则以建站时间为序，分别按A、B…英文字母顺序选用。 有区站号的气象台站，"x"为"0"。	1	字符
5	开始年	$Y_1Y_1Y_1Y_1$	文件数据的开始年份	4	数字
6	结束年	$Y_2Y_2Y_2Y_2$	文件数据的终止年份	4	数字
7	文件扩展名	.TXT	气象台站历史沿革数据文件为文本文件	4	字符

6.2 首部（见表2）

表 2 首部项目内容

序号	数据名称	标识码	注释	长度	类型
1	台站档案号	—	文件数据终止年的台站档案号，前2位为省（自治区、直辖市）编号，后3位为台站编号。	5	字符
2	区站号	—	文件数据终止年的台站区站号，参见"表1中的区站号注释"。 建国前或已撤消的没有区站号的气象台站，用该台站所在市（县）现有的气象台站区站号代替。	5	字符
3	省（自治区、直辖市）名简称	—	文件数据终止年气象台站所在省（自治区、直辖市）名简称，如："北京"、"新疆"。 如果在文件编报时原气象台站所在省（自治区、直辖市）行政区划已改变，按现行气象台站所在省（自治区、直辖市）名称编报。	≤10	字符
4	站名简称	—	文件数据终止年的台站简称，如："沈阳"、"呼和浩特"。	≤20	字符
5	建站时间	—	台站开始观测时间的年月日。 "月"、"日"不足位，前位补"0"。若"月"、"日"不明，分别用"88"表示。	8	日期

表 2（续）

序号	数据名称	标识码	注释	长度	类型
6	撤站时间	—	台站终止观测时间的年月日。"月"、"日"不足位，前位补"0"。若"月"、"日"不明，分别用"88"表示。未终止观测的台站，编报"99999999"。	8	日期

6.3 沿革数据（见表 3）

表 3 沿革数据项目内容

序号	项目名称	标识码	数据名称	注释	长度	类型
1	台站名称	01		编报台站名称变动情况		
2			开始年月日	"月"、"日"不足位，前位补"0"。若"月"、"日"不明，分别用"88"表示。	8	日期
3			终止年月日	"月"、"日"不足位，前位补"0"。若"月"、"日"不明，分别用"88"表示。文件数据终止年仍保持不变的项目，其"终止年月日"编报"99999999"。	8	日期
4			台站名称	对外称谓的台站名。建国前台站，若台站名称不明，可以用"地名+台站类型"表示，如："宁波海关测候所"。	≤36	字符
5	区站号	02		编报区站号变动情况		
6			开始年月日	同"01"项	8	日期
7			终止年月日	同"01"项	8	日期
8			区站号	区站号不明，编报"?"；无区站号，编报"—"。	≤5	字符
9	台站级别	03		编报台站级别变动情况		
10			开始年月日	同"01"项	8	日期
11			终止年月日	同"01"项	8	日期
12			台站级别	分别按当时观测规范或有关正式文件对地面、高空、辐射气象台站的级别划分的称谓编报。	≤10	字符
13	所属机构	04		编报台站业务主管部门变动情况		
14			开始年月日	同"01"项	8	日期
15			终止年月日	同"01"项	8	日期
16			所属机构	(1) 气象部门所属台站，编报所属省（自治区、直辖市、计划单列市）气象局。(2) 其他部门所属台站，编报所属部、局级机构名称；地方政府所属台站，编报所属省级政府机构名称；军队系统管辖的台站，编报所属军区级机构名称。	≤30	字符

表 3（续）

序号	项目名称	标识码	数据名称	注　释	长　度	类　型
16			所属机构	（3）建国前气象台站，按隶属的主管机构名称编报。民国各级政府隶属台站，所属机构名称应注明"民国"，如："民国中央气象局"；伪政权隶属台站，所属机构名称应加"伪"字，如："伪满中央气象台"；外国殖民者管辖的台站，所属机构名称应注明国家简称，如："日本中央气象台"、"法国天主教会"。	≤30	字符
17	台站位置	05[55]		编报台站位置变动情况		
18			开始年月日	同"01"项	8	日期
19			终止年月日	同"01"项	8	日期
20			纬度	南、北纬用英文大写字母"S""N"表示，"度"、"分"分别占两个字符。"度"、"分"不足位，前面补"0"。如：北纬 30°02′，编报"3002N"。	5	字符
21			经度	东、西经用英文大写字母"E""W"表示，"度"占 3 个字符、"分"占 2 个字符。"度"、"分"不足位，前面补"0"。如：东经 97°46′，编报"09746E"。	6	字符
22			观测场拔海高度	以"米"为单位，精度为 0.1，小数点省略。第 1 位为拔海高度参数，实测为"0"，约测为"1"。后 5 位为拔海高度，位数不足，高位补"0"。如：某站拔海高度约测为 85.6m，编报"100856"；若拔海高度位于海平面以下，第 2 位用"－"表示。如：某站拔海高度实测为 －21.4m，编报"0－0214"。	6	字符
23			地址	台站所在地行政地名，所属的省（自治区、直辖市）名称省略。	≤42	字符
24			台站地理环境	台站周围的地理环境，如："市区"、"郊外"、"集镇"、"农田"、"山顶"、"山区"、"平原"、"森林"、"海岛"、"海滨"、"湖泊（水库）"、"高原"、"沙漠"、"草原"、"沼泽"、"荒地"、"冰川"等，据情选择编报。台站若同时处于二个以上环境，则并列编报，其间用"；"分隔，如："市区；山顶"。 高空气象台站历史沿革数据文件此项不编报。	≤20	字符

表 3（续）

序号	项目名称	标识码	数据名称	注　释	长　度	类　型
25			距原址距离方向	台站迁址后新观测场距原观测场直线距离和方向。其中"距离"为 5 个字符，以"米"为单位，不足位前面补"0"；"方向"最多 3 个字符，按 16 方位用大写英文字母表示。"距离"和"方向"用";"分隔，占 1 个字符。建站时的站址，"距原址距离方向"统一用"—"表示；台站位置变动（标识为"05"），"距原址距离方向"应有数据；若台站位置不变（标识为"55"），而经纬度、拔海高度、地址或地理环境有变动，其"距原址距离方向"应为"00000;000"。 高空气象台站历史沿革数据文件此项不编报。	≤9	字符
26	台站周围障碍物	06		编报台站周围障碍物变动情况。 高空气象台站历史沿革数据文件此项不编报。		
27			开始年月日	同"01"项	8	日期
28			终止年月日	同"01"项	8	日期
29			方位	按 16 方位用大写英文字母表示。各方位障碍物用标识码"06"分别编报。 同一方位若有二个以上障碍物时，选对观测记录影响较大的障碍物编报。若同一障碍物影响几个方位时，按所影响的方位分别编报。若某方位无障碍物，则省略不编报。	≤3	字符
30			障碍物名称	障碍物名称分"建筑物"、"树木"、"山体"、"其他"四类。	≤6	字符
31			仰角	以"度"为单位，不足位前面补"0"。编报各方位障碍物的高度角，以观测场中心位置测量为准。仰角应≤90°。	2	字符
32			宽度角	以"度"为单位，不足位前面补"0"。编报各方位障碍物的宽度角，以观测场中心位置测量为准。各方位的障碍物最大的宽度角为 23°。	2	字符
33			距离	以"米"为单位，不足位前面补"0"。编报各方位障碍物距观测场中心的距离。	5	字符
34	观测要素	07[77]		编报观测要素变动情况		
35			开始年月日	同"01"项	8	日期
36			终止年月日	同"01"项	8	日期
37			要素名称	包括定时器测、目测和自动观测项目，按气象观测规范所用的名称编报。	≤14	字符

表 3（续）

序号	项目名称	标识码	数据名称	注　释	长　度	类　型
38	观测仪器	08		编报各观测要素使用仪器设备变动情况，目测项目不编报。		
39			开始年月日	同"01"项	8	日期
40			终止年月日	同"01"项	8	日期
41			要素名称	只编报定时器测和自动观测项目。	≤14	字符
42			仪器设备名称	凡定时器测和自动观测项目的观测仪器设备名称、规格型号、生产国别或厂家,包括百叶箱种类、规格、质材的变动都应编报。降水、蒸发等观测仪器如有防护装置,应予说明,如"雨量器(20cm口径,有防风圈)"。	≤60	字符
43			仪器距地或平台高度	以"米"为单位,精度为0.1,小数点省略。指观测仪器,包括自动站使用的传感器(感应部分)安装距观测场或观测平台地面高度(注:气压表或传感器高度为拔海高度)。地面气象台站历史沿革数据文件,只选填气压、气温、湿度、风、降水、蒸发、日照等气象要素的观测仪器安装高度。其他气象要素的"仪器距地或平台高度"编报"—"。高空气象台站历史沿革数据文件此项不编报。	≤6	字符
44			平台距观测场地面高度	以"米"为单位,精度为0.1,小数点省略。无观测平台或在观测场观测的气象要素,编报"—"。高空气象台站历史沿革数据文件此项不编报。	≤4	字符
45	观测时制	09		编报观测时制变动情况		
46			开始年月日	同"01"项	8	日期
47			终止年月日	同"01"项	8	日期
48			观测时制	定时气象观测采用的时制	≤10	字符
49	观测时间	10		编报观测时间、次数变动情况		
50			开始年月日	同"01"项	8	日期
51			终止年月日	同"01"项	8	日期
52			观测项目	仅编报高空气象观测台站的"测风"、"探空",地面、辐射气象台站历史沿革数据文件不编报。	≤4	字符
53			观测次数	指每日定时观测的次数,不包括辅助观测次数或以地面自记记录代替的时次。自动或遥测台站,观测次数编报"自动"。若某台站人工观测与自动观测同时进行,则分别编报。	≤4	字符

QX/T 37—2005

表 3（续）

序号	项目名称	标识码	数据名称	注 释	长 度	类 型
54			观测时间	指每日定时观测的具体时间,各时次之间用";"分隔。正点观测,只需编报各次的"时",如:"02;08;14;20";非正点观测,需编报各次的"时"和"分"。其中"时"、"分"各占两个字符,"时"、"分"之间用":"分隔,如:"06:30;09:30;12:30;15:30;18:30"。若每小时观测一次,编报"逐时观测";若连续观测,编报"某时－某时连续观测"或"自动观测"。	≤72	字符
55	守班情况	11		编报地面气象观测夜间守班变动情况。高空、辐射气象台站历史沿革数据文件此项不编报。		
56			开始年月日	同"01"项	8	日期
57			终止年月日	同"01"项	8	日期
58			夜间守班情况	按"守班"、"不守班",照实编报。	≤6	字符
59	其他变动事项	12		编报台站所属行政地名改变和对记录质量有直接影响的其他事项。 以下几种情况应在此项编报: (1) 两个台站合并。 (2) 台站观测任务互换,如某一般站承担另一基本站的任务,或某基本站的任务移交给另一般站。 (3) 由于台站迁址或仪器变动所进行的对比、并行观测情况。 (4) 台站档案号变动。 (5) 台站中断观测时间在一个月以上的原因情况说明。		
60			开始年月日	同"01"项	8	日期
61			终止年月日	同"01"项	8	日期
62			事项说明		≤60	字符
63	图像文件	13		作为附件编报、存档的与气象台站历史沿革有关的环境、仪器等图像(含照片)文件。		
64			图像文件名	图像文件名格式 LDIiiixYYYYnn.JPG(或TIF、GIF) LGIiiixYYYYnn.JPG(或TIF、GIF) LRIiiixYYYYnn.JPG(或TIF、GIF) 其中:"YYYY"为图像文件形成年份,"nn"为图像文件顺序号。	≤18	字符
65			图像文字说明	文字说明的内容包括:图像主题、拍摄时间、地点、方位、责任者(拍摄单位或个人)。	≤60	字符
66	观测记录	14		编报气象观测记录情况		

表 3（续）

序号	项目名称	标识码	数据名称	注 释	长 度	类 型
67			开始年月日	同"01"项	8	日期
68			终止年月日	同"01"项	8	日期
69			观测记录载体名称	包括观测形成的各种记录簿、记录报表、数据文件及自记或自动观测原始记录载体全称。	≤60	字符
70	观测规范	15		编报使用的观测规范（或观测规程、指南）情况		
71			开始年月日	同"01"项	8	日期
72			终止年月日	同"01"项	8	日期
73			观测规范名称及版本	编报当时执行的观测规范（或观测规程、指南）全称及版本（或执行日期）	≤60	字符
74			颁发机构	指颁发观测规范的机构名称	≤30	字符
75	沿革数据来源	19		编报气象台站历史沿革数据文件信息的出处和依据。	≤60	字符
76	文件编报人员	20				
77			文件编报人员	气象台站历史沿革数据文件的编报人员姓名。如多人参加编报工作，选报其中一名负责者。	≤18	字符
78			审核人员	气象台站历史沿革数据文件的审核人员姓名。如多人参加审核工作，选报其中一名负责者。	≤18	字符
79			编报日期	气象台站历史沿革数据文件编报的具体年、月、日。其中"年"4个字符，"月"、"日"各2个字符。"月"、"日"不足位，前位补"0"。	8	日期

参 考 文 献

［1］ 国家气象局.地面气象台站历史沿革填写规定.1988
［2］ 中国气象局.地面气象观测数据文件和记录簿表格式.2005
［3］ 中国气象局.关于印发《扩充气象观测站区站号管理办法》(试行)的通知（气发［2004］249号）.2004
［4］ WMO:1999 Data Format and Supporting Documentation for WMO Members to Use When Providing Digital Historical Data for GCOS Surface Network Sites to the National Climatic Data Center
［5］ Enric Aguilar and Inge Auer et al. :2003 Guidelines on Climate Metadata and Homogenization（WMO/TD No.1186）

ICS 07.060
A 47

中华人民共和国气象行业标准

QX/T 38—2005

气象档案(文献)缩微技术

Micrographics for meteorological archives (literatures)

2005-12-21 发布　　　　　　　　　　　　　　2006-06-01 实施

中国气象局　　发布

前　言

本标准由中国气象局提出。

本标准由中国气象局政策法规司归口。

本标准由国家气象信息中心负责起草

本标准起草人：兰平、蔡健。

本标准首次发布。

引 言

气象档案缩微摄影技术标准是根据各类气象档案(包含气象文献)缩微摄影技术业务流程而制定的,本标准共分为7章。本标准涵盖了气象档案缩微摄影技术主要环节,是实现气象领域行业规范、永久保存和科学利用历史档案的一项基础内容。

缩微摄影技术是气象行业档案永久保护和数字化建设的重要手段之一,也是国内外相关行业利用最久和最为成熟的档案保护和信息交换技术。20世纪70年代至90年代,气象部门利用缩微摄影技术对历史天气图、气象记录报表和解放前部分历史气象记录档案进行了载体转换,在整个业务流程中一直是借鉴国外缩微摄影技术标准。气象档案有别于其他形式的档案资料,在记录内容的组成、介质类型、信息利用方式等方面都有其特点和特殊性,缩微摄影技术不仅适合过去气象档案存档保护和开发利用,同时也适合现阶段气象档案的现代化建设,因此,制定适合我国气象行业的缩微摄影技术标准是十分必要的。

气象档案缩微摄影技术标准是参照缩微技术相关国家标准制定的,根据气象档案的规格尺寸,针对不同的原件制定了不同的要求。气象档案16 mm卷片缩微摄影技术要求是针对A4以下尺寸气象档案的要求制定的;气象档案35 mm卷片缩微摄影技术要求是针对气象档案历史天气图和工程图纸等大尺寸原件的技术要求制定的;气象档案105 mm平片缩微摄影技术要求是针对气象报表和同类气象档案的技术要求制定的,要求中对原件的编排格式、接续作了特殊规定,由于平片不存在接片问题,因此这章对接片的技术要求没有提出。

QX/T 38—2005

气象档案(文献)缩微技术

1 范围

本标准规定了气象档案缩微品制作中原件的准备、缩微拍摄各技术环节、质量要求、检索及保管。

本标准适用于各类气象档案的缩微摄影,不适用COM(计算机输出胶片)、卫星云图和彩色胶片的缩微摄影工作。

2 规范性引用文件

下列文件中的条款通过本标准的引用而成为本标准的条款。凡是注日期的引用文件,其随后所有的修改单(不包括勘误的内容)或修订版均不适用于本标准,然而,鼓励根据本标准达成协议的各方研究是否可使用这些文件的最新版本。凡是不注日期的引用文件,其最新版本适用于本标准。

GB/T 6159.1—2003 缩微摄影技术 词汇 第1部分:一般术语 (ISO 6196-1:1993,MOD)

GB/T 7516—1996 缩微摄影技术 图形符号(eqv ISO 9878:1990)

GB/T 7518—2005 缩微摄影技术 在35 mm卷片上拍摄古籍的规定

GB/T 15737 缩微摄影技术 银-明胶型缩微胶片的冲洗与保存(neq ISO 5466)

GB/T 16—1987 建筑设计防火规范

3 术语和定义

GB/T 6159.1—2003确立的术语和定义适用于本标准。

3.1
缩微摄影技术 micrographics
制作、管理和使用缩微品的相关技术。

3.2
缩微品 microform
含有缩微影像的各种载体(通常指感光胶片)的统称。

3.3
缩微影像 microimage
不经放大肉眼无法阅读的缩小影像。

3.4
影像 image
通过物体对电磁辐射的调制而产生的视觉再现。

3.5
缩微摄影 microfilming
在感光材料上(通常指感光胶片)摄制缩微影像的技术和过程。

3.6
原件 original
被缩微拍摄的文件。

3.7
代 generation
在逐级制作过程中缩微品所处的辈次。

3.8

 母片　master

 制作下一代缩微品所用的缩微品。

3.9

 中间片　intermediate

 用于制作复制片的第二代或后续某代缩微品。

3.10

 复制片　duplicate

 能保持母片极性和尺寸的复制缩微品。

3.11

 放大影像　enlargement

 尺寸大于原缩微影像的影像,通常是在纸上或屏幕上。

3.12

 负像　negative-appearing image

 在暗背景下显示亮的线条和字符的影像。

3.13

 正像　positive-appearing

 在亮背景下显示暗的线条和字符的影像。

3.14

 极性　polarity

 线条和字符相对于背景的明暗关系。

3.15

 画幅　frame

 在平台式摄影机、步进重复式摄影机或COM记录器中,曝光期间辐射能在感光胶片上作用的区域。

3.16

 影像区　image area

 缩微影像所占的区域,由原件的尺寸和缩小比率决定。

3.17

 画幅间距　frame pitch

 相邻两画幅上对应点间的距离。

3.18

 曝光　exposure

 为获得摄影影像,使感光材料受到原件所发出的辐射能照射的过程。

3.19

 曝光时间　exposure time

 感光材料接受辐射能作用的时间。

3.20

 曝光量　light exposure

 感光材料接受的照度与曝光时间的乘积。

3.21

 缩小比率　reduction ratio

 缩微影像尺寸与相应原件尺寸的比率关系。

3.22
放大倍率 enlargement ratio
放大影像尺寸与原缩微影像尺寸的比率关系。

3.23
测试标板 test target
含有图形符号、说明文字、测试图等,用于技术控制而记录在胶片上的一种图板。

3.24
缩微摄影机 microform camera
用来在胶片上记录潜在影像的设备。

3.25
感光胶片 photographic film
在卷式或片式柔韧透明的片基上涂布一层或多层感光层的成像材料。

3.26
胶片密度 film density
在单位面积的胶片上形成金属银数量的多少,是影像密度与片基加灰雾的密度之差。

3.27
灰雾 fog
无益的摄影密度。

3.28
灰雾度 fog level
片基加灰雾的密度与片基密度之差。

3.29
反差 contrast
影像的最大密度与最小密度之差。

3.30
感光性
感光乳剂对各种波长的敏感程度。

3.31
解像力 resolving power
用数值表示一个光学系统或摄影系统的解像极限。其数值大小为测试图像在1mm内可分辨的线对数。

3.32
缩微品检索 microform retrieval
从高密度存储的大量缩微影像中查到特定信息的技术。

3.33
缩微品保存 microform storage
在特定的环境条件下,对各类缩微品进行科学的保护过程。

3.34
片基 base
涂布有感光层的材料。

3.35
气象档案 meteorological archives
国家机构、社会团体或个人在气象科学技术领域活动中形成的、具有保存利用价值的、属于归档范围的、各种形式的历史记录。

4 气象档案 16 mm 卷片缩微摄影技术要求

4.1 原件准备

4.1.1 凡送拍的原件均应整理、审查和编辑。

4.1.2 对破损、卷曲等影响影像拍摄质量的原件作修补或其他技术性处理。

4.1.3 因装订影响缩微品质量时,可将原件拆开拍摄。

4.1.4 原件在验收、审编及缩微复制过程中必须确保其安全,未经许可不得对原件进行修改。

4.1.5 在需加拍摄图形符号的部位,增添标识符号和说明。

4.1.6 根据原件总数计算胶片长度,合理安排画幅内容。

4.1.7 审编后必须填写作业单,以备拍摄和查考。

4.2 影像编排

4.2.1 影像排序(加入著录标板、批文标板等)

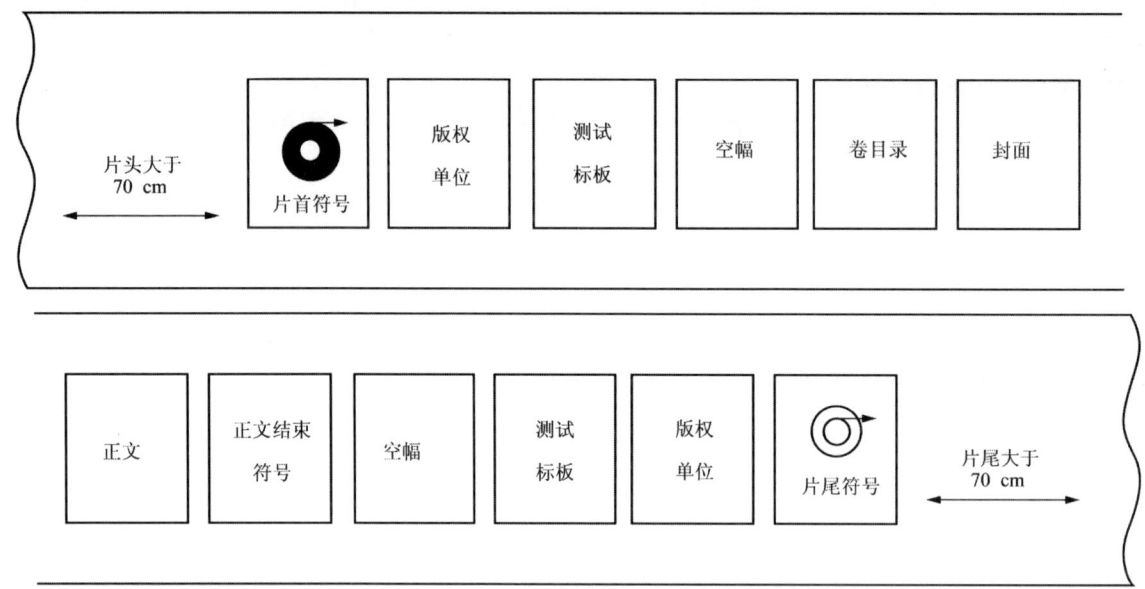

4.2.2 影像走向

影像走向有三种方式,使用者可根据原件选取其一。

4.2.2.1 从左向右阅读档案

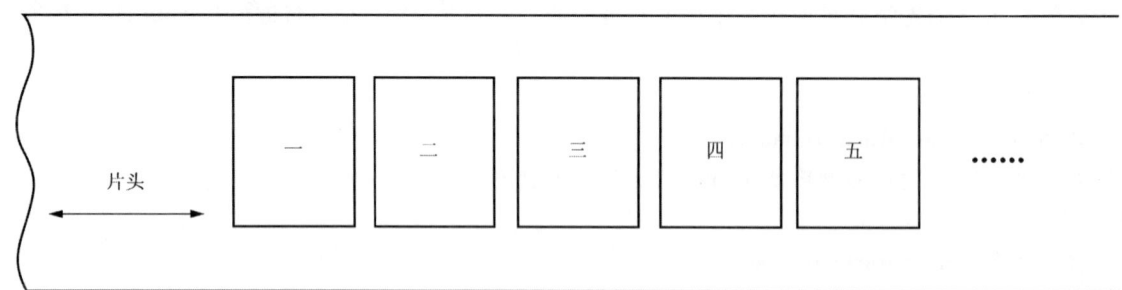

4.2.2.2 从右向左阅读档案

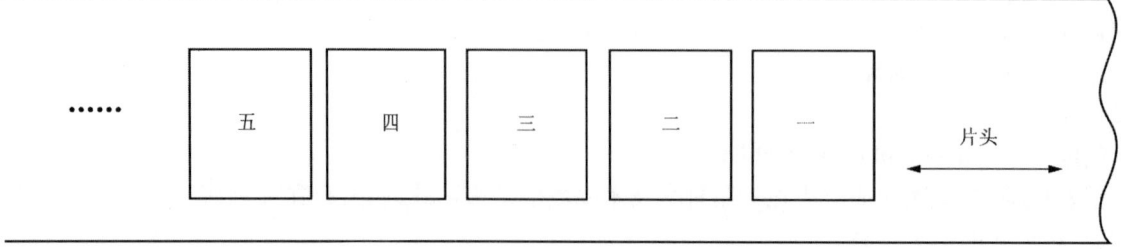

4.2.2.3 竖排影像档案

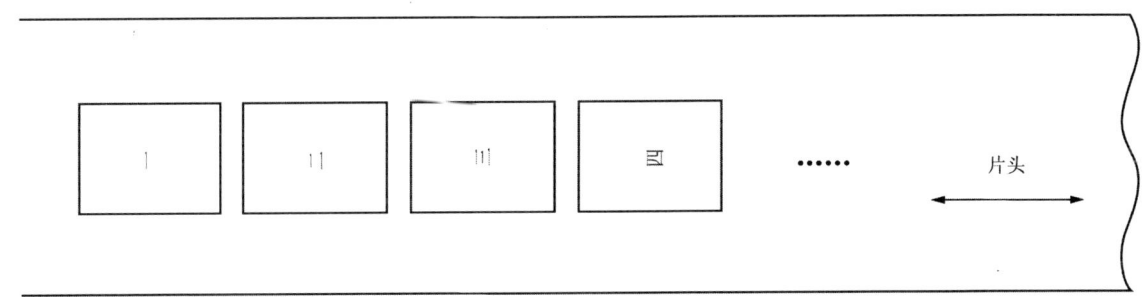

4.2.3 缩率

4.2.3.1 缩率的选择根据原件尺寸、字体大小、笔划简繁和原件质量确定。根据气象档案特点,缩率选用在1∶10～1∶32之间。

4.2.3.2 一种原件选择同一种缩率,拍摄中不宜来回改变。少数改变缩率的画幅,在改变缩率的画幅前拍摄一幅改变后含缩率卡的技术标板,并注明缩率改变的画幅数。同一盘胶片缩率改变不宜超过三次。

4.3 拍摄

4.3.1 拍摄在胶片上的档案顺序必须与原件一致。

4.3.2 拍摄所用的图形符号必须使用标准符号(参见 GB/T 7516—1996)。

4.3.3 "版权单位及摄制说明"幅的内容,可包含原件的存档单位、立档单位、摄制单位、摄制人员、摄制时间、盘号(影像上的字体大小不经放大即可直接阅读)等需要识别说明的内容。

4.3.4 相邻两种原件之间空一个画幅。

4.3.5 珍贵档案的天头、地脚不论是否有记录,均应全部拍摄在影像区内。

4.3.6 胶片上的影像排列方式要符合人们的阅读习惯。

4.3.7 带有插页的原件,第一拍插页和原件一起拍摄,第二拍单独拍摄原件。

4.3.8 大于 A3 尺寸的原件需分幅拍摄,分幅处至少重叠 20mm。分幅方式应符合人们的阅读习惯。

4.3.9 更换胶片拍摄同一内容档案时,应在本盘胶片的相应位置拍摄文字说明。

4.3.10 16 mm 缩微品宜拍摄光点,以便查阅。

4.3.11 每盘卷片应留下至少 70 cm 长的空白胶片做片头和片尾。

4.4 文件接续

一种原件在一盘卷片中拍摄不完,需要在两盘以上卷片中接续拍摄时,必须拍摄标有"⇒"或"⇐"图形符号,以保证原件内容的连续性和真实性。

4.5 检索

4.5.1 在对档案进行缩微拍摄前,应确定该盘胶片采用的检索方式。

4.5.2 同一类别原件,宜采用相同的检索方式。选择检索方式时,宜把机器检索和手工检索两种方式兼顾起来,提高通用性。

4.5.3 缩微品拍摄完成后,应在原件目录、卷内目录或检索工具上著录简明易懂的缩微品目录和索引。有条件时建立缩微品计算机检索系统,供对外利用。

4.5.4 第一代缩微品不宜提供利用,在拷贝第二代后归档保存。

4.6 质量要求

4.6.1 真实性

缩微品记录的影像应保持原件形成的历史原貌,不得丢失和随意增加信息。气象数据的真实性以其准确、可辨为准。

4.6.2 密度
4.6.2.1 第一代缩微品背景密度值为 0.7～1.2。灰雾密度为 0.10。
4.6.2.2 第二代负胶片(中间片)背景密度值为 0.7～1.2。
4.6.2.3 在同一盘内，背景密度差不得超过 0.4，超过时应以不同的曝光条件重新拍摄，并加"影像重复"图形符号。

4.6.3 综合解像力要求
检查第一代、第二代和第三代缩微品时，其解像力应符合表1的要求。

表1 16 mm 缩微品综合解像力

缩率	ISO 2号测试图可读出的数据		
	第一代	第二代	第三代
1:15	7.1	6.3	5.6
1:18	6.3	5.6	5.0
1:22	5.6	5.0	4.5
1:24	5.0	4.5	4.0
1:30	4.5	4.0	3.6

4.6.4 硫代硫酸盐的残留量
4.6.4.1 第一代胶片上的硫代硫酸盐残留量不高于 $1.4\ \mu g/cm^2$。
4.6.4.2 第二代、第三代、第四代上的硫代硫酸盐残留量不高于 $2\ \mu g/cm^2$。

4.6.5 外观质量
作为档案保存的缩微品上应无指印、划伤、油渍、药液污染等痕迹。

4.7 检验与剪接
4.7.1 第一代缩微品应逐个画幅检验其质量。
4.7.2 不合格的缩微品，应按以下规定补拍。
4.7.2.1 补拍影像与原影像的缩率必须一致，其背景密度差不超过 0.40。
4.7.2.2 补拍胶片的片基必须与原影像胶片一致。
4.7.3 有错拍、漏拍和质量问题时，将补拍的画幅接在原画幅的位置。接头只能接在画幅之间的空白处。
4.7.4 胶片的粘接不应使用对缩微品保存产生危害的黏合剂，应使用超声波接片器或专用胶带。
4.7.5 每盘胶片内接头不得超过 3 处。拷贝片不能有接头。

5 气象档案 35 mm 卷片缩微摄影技术要求

5.1 原件准备
5.1.1 凡送拍的原件，均应整理、审查、编辑。
5.1.2 对破损、卷曲等影响影像拍摄质量的原件作修补或其他技术性处理。
5.1.3 因装订影响缩微品质量时，可将原件拆开拍摄。
5.1.4 原件在验收、审编及缩微复制过程中必须确保其安全，未经许可不得对原件作记录上的修改。
5.1.5 在需加拍摄图形符号的部位，增添标识符号和说明。
5.1.6 根据原件总数计算所用胶片长度，合理安排画符内容。
5.1.7 审编后必须填写作业单，以备拍摄和查考。

5.2 影像编排
5.2.1 影像排序

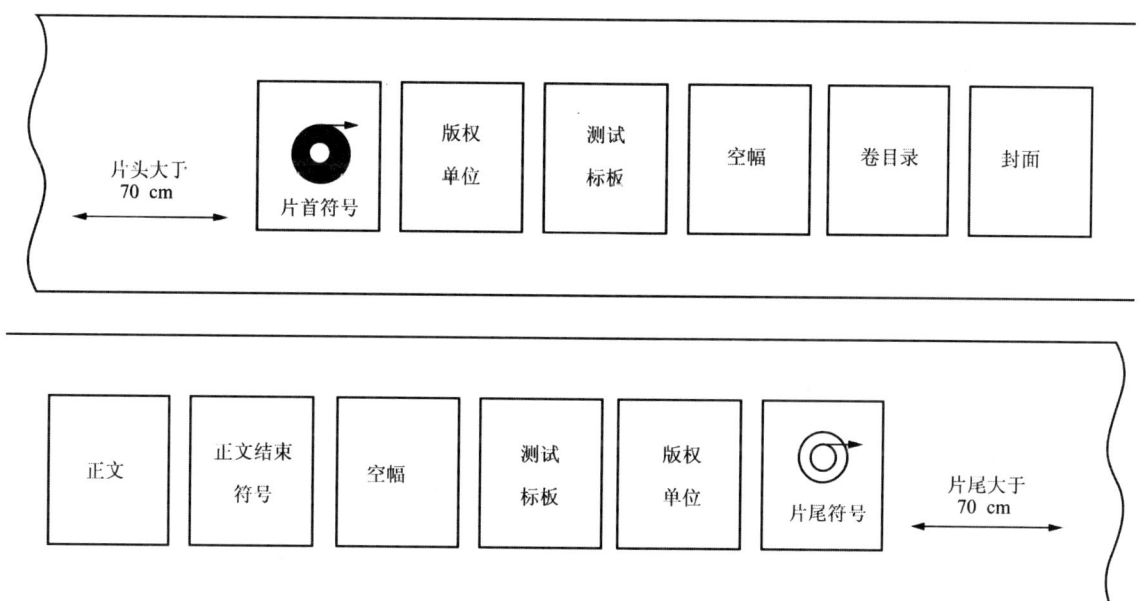

5.2.2 影像走向
影像走向使用者可根据原件选取。

5.2.2.1 从左向右阅读

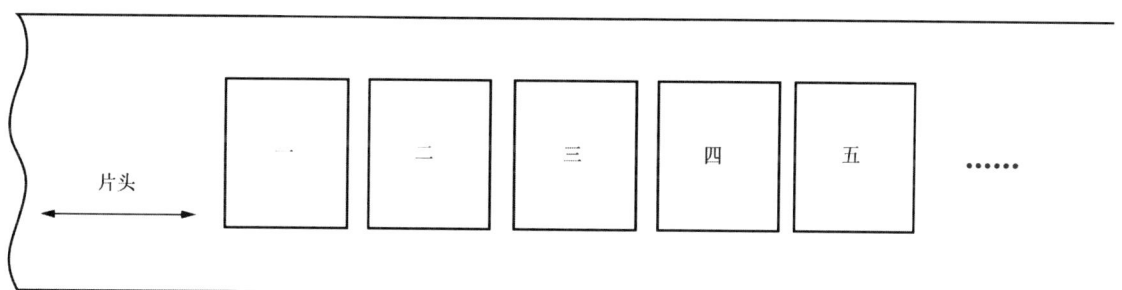

5.2.2.2 从右向左阅读

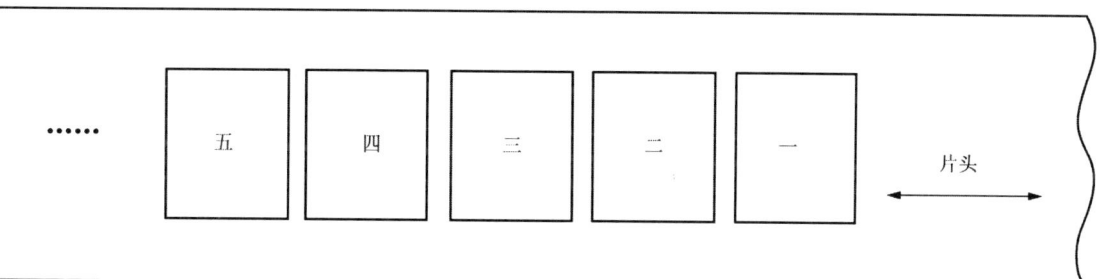

5.2.2.3 竖排影像的档案

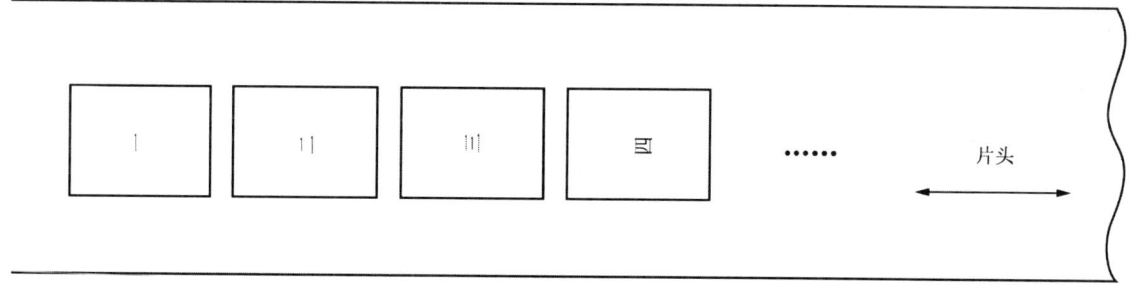

5.2.3 一个画幅多档案排列

5.2.3.1 从左向右横排

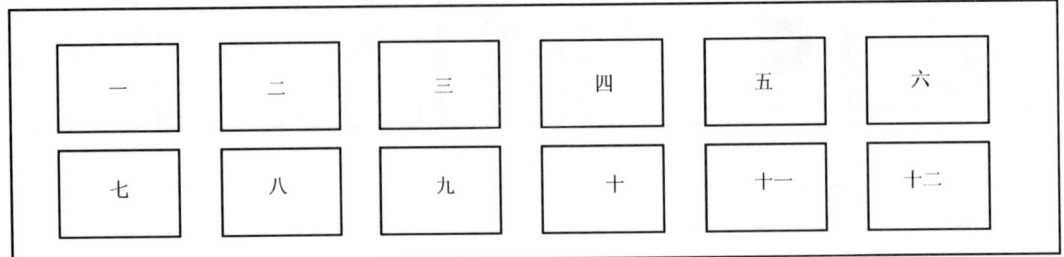

5.2.3.2 从右向左横排

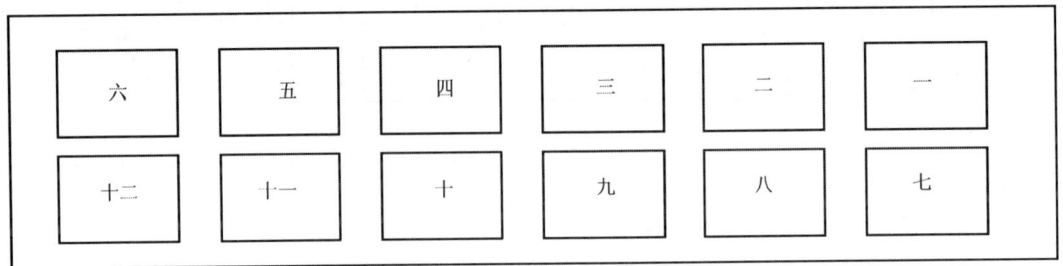

5.2.4 缩率

5.2.4.1 缩率依据原件尺寸、字体大小、笔划简繁和原件质量确定。缩率选择根据气象档案特点,缩率选用在 1∶10～1∶36 之间。

5.2.4.2 同一盘胶片缩率改变不宜超过三次,少数改变缩率的画幅,在改变缩率的画幅前,拍摄一幅改变后的(含缩率卡)技术标板,并注明缩率改变的画幅数。

5.3 拍摄

5.3.1 拍摄在胶片上的档案顺序必须与原件一致。

5.3.2 拍摄所用的图形符号必须使用标准符号(参见 GB/T 7516)。

5.3.3 "版权单位及摄制说明"幅的内容,可包含原件的存档单位、立档单位、摄制单位、摄制人员、摄制时间、盘号(影像上的字体大小不经放大即可直接阅读)等,需要识别说明的内容。

5.3.4 相邻两种原件之间空两个画幅。

5.3.5 珍贵档案的天头、地脚不论是否有记录,均应全部拍摄在影像区内。

5.3.6 带有插页的原件,第一拍插页和原件一起拍摄,第二拍单独拍摄原件。

5.3.7 胶片上的影像排列方式要符合人们的阅读习惯。

5.3.8 需分幅拍摄的大型原件,分幅处至少重叠 20 mm。分幅方式应符合人们的阅读习惯。

5.3.9 每盘卷片应留下至少 70 cm 长的空白胶片做片头和片尾。

5.3.10 画幅间隔为 2 mm。制作开窗卡的画幅间隔为 6 mm,封套片的间隔为 4 mm。

5.4 文件接续

一种原件在一盘胶片中拍摄不完,需要在两盘以上胶片中接续时,必须拍摄标有"⇒"或"⇐"符号,以保证原件内容的连续性和真实性。

5.5 检索

5.5.1 在对档案进行缩微摄影前,应确定该盘卷片采用何种检索方式。

5.5.2 同一类别的原件,宜采用相同的检索方式。选择检索方式时,宜把机器检索和手工检索两种方式兼顾起来,提高通用性。

5.5.3 应建立简明易懂的缩微品目录、索引,有条件时建立缩微品计算机检索系统,供检索利用。

5.5.4 第一代缩微品不宜提供对外使用,在拷贝第二代后归档保存。

5.6 质量要求

5.6.1 真实性

缩微品记录的影像应保持原件形成的历史原貌,不得丢失和随意增加信息。气象数据的真实性以其准确、可辨为准。

5.6.2 密度

5.6.2.1 利用漫透射视觉密度计测量。银盐正、负片缩微的密度值要符合表2。

表2 银盐胶片密度值

片 型	第一代	第二代	第三代
负 片	0.70~1.20	0.70~1.20	0.70~1.20
正 片	<0.10	<0.20	<0.25

5.6.2.2 在同一盘内,影像的背景密度差不得超过0.4。

5.6.3 综合解像力要求

检查第一代、第二代和第三代缩微品时,其解像力应符合表3的要求。

表3 35mm缩微品综合解像力

缩率	ISO 2号测试图可读出数据		
	第一代	第二代	工作片
1:30	4.5	4.0	3.6
1:24	5.0	4.5	4.0
1:21.2	5.6	5.0	4.5
1:15	7.1	6.3	5.6
1:10	9.0	8.0	7.1

5.6.4 硫代硫酸盐的残留量

5.6.4.1 第一代胶片上的硫代硫酸盐残留量不高于$1.4\mu g/cm^2$。

5.6.4.2 第二代、第三代、第四代胶片上的硫代硫酸盐残留量不高于$2\mu g/cm^2$。

5.6.5 外观质量

作为档案保存的缩微品上应无指印、划伤、油渍、水渍、药液污染等痕迹。

5.6.6 卷曲

缩微胶片的横向卷曲不能大于6,纵向卷曲不能大于8。

5.7 检验与剪接

5.7.1 第一代缩微品应逐个画幅检验其质量。

5.7.2 不合格的缩微品,应按以下规定补拍。

5.7.2.1 补拍影像与原影像的缩率必须一致。

5.7.2.2 补拍影像与原影像的背景密度差不超过0.40。

5.7.2.3 补拍胶片必须与原影像胶片的片基一致。

5.7.3 胶片的粘接不得使用对缩微品有害的黏合剂,应使用超声波接片器或专用胶带。

5.7.4 每盘胶片内接头不得超过3处。拷贝片不得有接头。

6 气象档案105 mm平片缩微摄影技术要求

6.1 原件准备

6.1.1 凡送拍的原件均应整理、审查、编辑。

6.1.2 对破损、皱褶、字迹褪色等影响影像拍摄质量的原件,应作修补等技术性处理。

6.1.3 因装订影响缩微品质量时,可将原件拆开拍摄。

6.1.4 原件在验收、审编及缩微复制过程中,应确保其安全,未经许可不得对原件作记录上的修改。

6.1.5 需加拍图形符号的部位,加上相应的标记、说明(参见 GB/T 7516)。

6.1.6 根据原件总数量计算胶片的数量和编排格式。

6.2 影像编排

6.2.1 缩微平片影像排列分标头区和正文区。

6.2.1.1 标头区应由三个部分组成,左端为号码标识区,中部为标题区,右端为序号和版权单位区。

标识区		标题区				序号区	
		地面气象纪录月报表					
50727 阿尔山		1966 7—12				国家气象中心 2000 年摄制	
测试标板	封面						
							检查目录
							页

6.2.1.2 正文区由测试标板、目录表、正文内容、图形符号标板、检索目录页等内容组成。

6.2.1.3 标识区以文字、数字、符号标示出所摄原件的分类号、站名等需要标识的内容。

6.2.1.4 序号和版权单位区内的主要拍摄内容为平片序号、拍摄单位、拍摄时间。

6.2.1.5 标题区内字符高度应不小于 3 mm,标题文字应由肉眼直接阅读。

6.2.2 影像走向

一般原件影像由左上端开始按从左向右,由上向下的次序排列;古籍型原件的拍摄顺序从右向左,由上至下的次序排列。

6.2.3 影像缩率

6.2.3.1 缩率依据原件尺寸、字体大小、笔划繁简和原件质量确定。根据气象档案的特点,缩率在 1:12～1:26 之间。

6.2.3.2 一种原件,应尽量采用同一种缩率,少数改变缩率的画幅,在改变缩率的画幅前拍摄一幅改变后的(含缩率卡)技术标板,并注明缩率改变的画幅数。

6.3 拍摄

6.3.1 拍摄在胶片上的档案顺序与原件一致。

6.3.2 摄影所用的图像符号应使用标准符号(参见 GB/T 7516)。

6.3.3 珍贵气象档案的天头,地角不论是否有字符,均应全部拍摄在影像区内。

6.3.4 贴有签条的原件需多次拍摄,第一拍将原件连同签条一起拍摄在一个画幅内;第二次单独拍摄原件。由多张签条同时叠贴在一张原件上时,依次将每张签条单独拍摄一次。

6.3.5 平片上的影像排序方式应符合人们的阅读习惯。

6.3.6 大型原件分幅拍摄,分幅处至少应重叠 20 mm 进行拍摄。

6.3.7 使用另一张平片拍摄同一内容原件时,应在相应的位置拍摄文字说明,记录该缩微品的检索位置。

6.4 文件接续

一种原件在一张平片内拍摄不完,需要在两张或两张以上的平片接续时,除在标头区标示序号外,还应在每两张平片的结尾与开头处拍上"⇒"或"⇐"符号,以保证原件的连续性和真实性。

6.5 检索

6.5.1 在对档案进行缩微摄影前,应确定该类缩微平片以后要采取的检索方式。

6.5.2 平片拍摄完成后,应在原件目录、卷内目录或其他检索工具上著录其简明易懂的缩微品目录、索引,供检索利用。

6.5.3 第一代缩微品不能提供对外使用,拷贝第二代后归档保存。

6.6 质量要求

6.6.1 真实性

缩微品记录的影像应保持原件形成的历史原貌,不得丢失信息,不得任意增加信息。气象档案中数据资料的真实性以其准确、可辨为准。

6.6.2 密度

6.6.3 原底片背景密度值控制在 0.7～1.2 之间,灰雾度<0.10。

6.6.4 二代片、负片背景密度值控制在 0.7～1.2 之间,灰雾度<0.20。

6.6.5 同一张平片内,各画幅的背景密度差不得超过 0.4,超过时需要重新拍摄。

6.6.6 综合解像力要求

检查第一代、第二代和第三代缩微品时,其解像力应符合表4的要求。

表 4　105 mm 缩微平片综合解像力

缩率	ISO 1 号测试图可读出数据			ISO 2 号测试图可读出数据		
	第一代	第二代	第三代	第一代	第二代	第三代
1∶(24～16)	80	90	100	5.0	4.5	4.0
1∶21.2	70	80	90	5.6	5.0	4.5
1∶(15～16)	56	63	70	7.1	6.3	5.6
1∶12	45	50	56	9.0	8.0	7.1

6.6.7 硫代硫酸盐的残留量

6.6.7.1 第一代胶片上的硫代硫酸盐残留量不高于 $1.4\mu g/cm^2$。

6.6.7.2 第二代、第三代、第四代胶片上的硫代硫酸盐残留量不高于 $2\mu g/cm^2$。

6.6.8 外观质量

作为档案保存的缩微品上应无指印、划伤、油渍、水渍、药液污染等痕迹。

6.6.9 第一代平片应逐个画幅检验质量,不合格的应重新拍摄。

7 缩微品保管要求

7.1 缩微品保存环境

7.1.1 温度和相对湿度

7.1.1.1 保存环境的温度与相对湿度要求见表5。

7.1.1.2 保存环境的湿度应相对稳定。24 h 内的温度变化不大于±2℃,相对湿度为±5%。

表 5　缩微品保存环境

感光层	中期(10 年以上)保存		永久保存	
	最高温度/℃	相对湿度/%	最高温度/℃	相对湿度/%
银盐 35 mm、16 mm、105 mm	25	20～50	21	20～30
重氮 35 mm、16 mm、105 mm	25	20～50	10	20～50

7.1.2 空气中尘埃的净化

使用过滤器,滤掉输入胶片库中的尘埃,过滤器除尘率不得低于85%。

7.1.3 化学污染物的净化

常见对缩微品有害的化学污染物有二氮化硫、硫化氢、三氧化硫、臭氧、酸性气体、氨和氧化氮。永久保存时,胶片库的化学污染物的净化应注意以下几点:

a) 缩微胶片库应远离有害气体源,库内物品不得释放对缩微品有害的气体;
b) 银-明胶胶片与重氮胶片、微泡胶片不能同室存放。缩微品一般不应与纸制和磁性载体档案同室存放;
c) 缩微胶片库不能远离有害气体源时,缩微品应采用保护性包装物包装;
d) 宜采用机械通风的办法使胶片库空气流通。

7.1.4 防火

7.1.4.1 存放缩微品的库房耐火极限应符合 GBJ 16—1987 中规定的二级耐火等级的要求。

7.1.4.2 应备有无二次危害的自动灭火器。

7.1.4.3 永久保存的缩微品应至少制作两份,异地保存。

7.1.4.4 缩微品包装物应达到经受 150℃ 干热 4h 后不应燃烧,即使发生变形也不会损坏其中的胶片或妨碍胶片从包装物中取出。

7.1.4.5 制作片盘、片轴、片盒的材料不应比胶片更易燃烧和分解。

7.1.4.6 为防止在发生火灾时引起缩微品着火或对缩微品产生危害,应采用保护性包装,并将包装后的缩微品存放在防火库中或隔热的缩微品柜内。

7.1.4.7 缩微品库的装具应具备防火要求。

7.1.5 防水

缩微品库应防止积水或潮气的侵入,缩微品外包装应具备防水性能。

7.1.6 防光

缩微品应存放在光线暗淡的环境内,应防止光线对缩微品的直接照射。

7.1.7 包装与放置

7.1.7.1 缩微品的包装分为密封式、密闭式和开放式包装三种。三种包装应根据库房条件而定。

7.1.7.2 不同类型的缩微品应分别包装,不得混绕在同一卷或存放在同一片袋内。

7.1.7.3 从低温环境中取出的缩微品,应先进行温度平衡,平衡时间应在 2～4 周。

7.1.7.4 包装材料按 GB/T 15737 执行。

7.1.7.5 一代片、二代片、三代片应分柜存放,并用标签注名。

7.1.7.6 卷式缩微品应卷绕适度,存放时应平放。

7.1.7.7 缩微(平片、封套片、开窗卡)应垂直存放。

7.2 缩微品制作档案的建立

7.2.1 缩微品制作过程中档案的内容

——拍摄任务书;
——拍摄前的整理编排作业单;
——拍摄作业单;
——冲洗作业单;
——拷贝作业单;
——质量检测单;
——更正补拍说明;
——缩微品制作过程中的交接文件;
——在缩微品制作中其他具有查考价值的文件。

7.2.2 缩微品制作档案的立卷

以档案全宗为单位,按档案年代或问题进行立卷。

7.2.3 立卷要求

立卷的缩微品其内容应完整、齐全、准确。应编制案卷目录，宜建立缩微品计算机辅助检索系统。

7.3 缩微品的检查

7.3.1 每隔两年选取20%的缩微品作抽样检查。其中2%是以前已检查过的，如发现保存环境温湿度有较长时间偏离规定的范围，对缩微品应作不定期的检查。

7.3.2 缩微品物理形态检查，包括卷曲、变形、脆裂、粘连、乳剂脱落等现象。

7.3.3 缩微品的背景密度、解像力是否有变化。

7.3.4 缩微品是否有微斑、变色、生霉等现象。

7.3.5 包装材料是否有变形、脆化、发霉等现象。

7.3.6 检查室的温湿度要与储存室的温湿度相近。

7.3.7 检查中如发现问题应及时登记，查明原因采取有效措施。

参 考 文 献

[1] GB/T 6159.3—2003 缩微摄影技术 词汇 第3部分:胶片处理(ISO 6196-3:1997,MOD)
[2] GB/T 6159.4—2003 缩微摄影技术 词汇 第4部分:材料和包装物(ISO 6196-4:1998,MOD)
[3] GB/T 6159.5—2000 缩微摄影技术 词汇 第五部分:影像的质量、可读性和检查(eqv ISO 6196-5:1987)
[4] GB/T 6159.6—2003 缩微摄影技术 词汇 第6部分:设备(ISO 6196-6:1992,MOD)
[5] GB/T 6159.7—2000 缩微摄影技术 词汇 第七部分:计算机缩微摄影技术(eqv ISO 6196-7:1992)
[6] GB/T 6159.8—2003 缩微摄影技术 词汇 第8部分:应用(ISO 6196-8:1998,MOD)
[7] GB/T 6159.22—2000 缩微摄影技术 词汇 第二部分:影像的布局和记录方法(eqv ISO 6196-2:1993)
[8] GB/T 6160—2003 缩微摄影技术 源文件第一代银－明胶型缩微品密度规范与测量方法(ISO 6200:1999,MOD)
[9] GB/T 7517—2004 缩微摄影技术 在16 mm卷片上拍摄古籍的规定
[10] GB/T 7518—2005 缩微摄影技术 在35 mm卷片上拍摄古籍的规定
[11] GB/T 12356—1990 缩微摄影技术 16 mm平台式缩微摄影机用测试标板的特征及其使用。

ICS 07.060
A 47

中华人民共和国气象行业标准

QX/T 39—2005

气象数据集核心元数据

Core metadata content of meteorological dataset

2005-12-21 发布　　　　　　　　　　　　　　　　2006-06-01 实施

中国气象局　　发布

QX/T 39—2005

前　言

本标准的附录 A 为规范性附录,附录 B 为资料性附录。
本标准由中国气象局提出。
本标准由中国气象局政策法规司归口。
本标准起草单位:国家气象信息中心。
本标准主要起草人:王国复、吴增祥。
本标准首次发布。

引 言

本标准借鉴国内外相关的元数据标准,并根据我国气象数据集制作、存储和服务的特点而制定,是气象数据集元数据内容的标准。本标准提供了元数据内容标准框架,定义了气象数据集核心元数据。

本标准的制定有利于气象数据的管理,数据交流与共享,数据库建库质量的提高,以及数据加工的规范化和标准化。

QX/T 39—2005

气象数据集核心元数据

1 范围

本标准规定了完整描述一个气象数据集时所需要的数据项集合、各数据项语义定义和著录规则等，它提供了有关气象数据集的标识、内容、分发、数据质量、数据表现、参照和限制等信息。

本标准适用于气象数据集元数据整理、建库、汇编、服务和交换。

2 规范性引用文件

下列文件中的条款通过本标准的引用而成为本标准的条款。凡是注日期的引用文件，其随后所有的修改单（不包括勘误的内容）或修订版均不适用于本标准，然而，鼓励根据本标准达成协议的各方研究是否可使用这些文件的最新版本。凡是不注日期的引用文件，其最新版本适用于本标准。

GB/T 4880.2—2000 语种名称代码 第2部分:3字母代码(eqv ISO 639-2:1998)

GB/T 19710—2005 地理信息 元数据

ISO 19111:2003 地理信息 基于坐标的空间参照

3 术语和定义

本标准采用下列术语和定义。

3.1
数据集 dataset

可以标识的数据集合。

注：数据集在物理上可以是更大数据集的比较小的数据组。从理论上讲，数据集可以小到更大数据集内的单个要素或要素属性。本标准所指的数据集是指不可再细分的数据集，即能够用一个数据字典唯一描述的数据集合。

3.2
数据集系列 dataset series

同一主题的多个数据集的组合，都符合相同产品规范。

3.3
元数据 metadata

关于数据的数据。

3.4
元数据元素 metadata element

元数据的基本单元。

注：元数据元素在元数据实体中是唯一的。

3.5
元数据实体 metadata entity

一组说明数据相同特性的元数据元素。

注：可以包含一个或一个以上元数据元素。

3.6
核心元数据 core metadata

描述气象数据集的最基本属性，必须选择的元数据实体和元数据元素。

3.7
类 class

对拥有相同的属性、操作、方法、关系和语义的一组对象的描述。

4 元数据描述方法

本标准采用规范化方式定义和描述气象数据集核心元数据实体和元数据元素,所使用的描述元素包括名称、英文名称、短名、定义、约束/条件、最大出现次数、数据类型和域。详见附录A。

4.1 名称
元数据实体或元数据元素的中文名称。

4.2 英文名称
元数据实体或元数据元素的英文名称,宜用英文全称组合。

4.3 短名
元数据实体或元数据元素的英文缩写名称。命名规则:
—— 短名在本标准范围内必须唯一;
—— 采用与国际标准类似的英文名称作为短名;
—— 如果元数据实体或元数据元素的英文名称不超过8个英文字符,短名直接采用英文名称;
—— 对于元数据实体或元数据元素英文名称超过8个字符的,如果英文名称由单个单词组成,则取该单词的各音节缩写作为英文短名;如果英文名称由多个单词组成,则取每个单词的第一音节缩写作为英文短名。

4.4 定义
描述元数据实体或者元数据元素的基本内容。

4.5 约束/条件
元数据实体或元数据元素是否必须选取的属性。包括必选(M)和可选(O)。

4.5.1 必选
元数据实体或元数据元素必须选择。

4.5.2 可选
根据实际应用可以选择也可以不选的元数据实体或元数据元素。

4.6 最大出现次数
元数据实体或元数据元素可以具有的最大实例数目。只出现一次的用"1"表示,重复出现的用"N"表示。允许不为1的固定出现次数用相应的数字表示,如"2"、"3"、"4"等。

4.7 数据类型
有效值域和允许对该值域内的值进行有效操作的规定。

注:如整型、实型、布尔型、字符串和日期时间型等,本标准主要为"字符串"型。也使用数据类型定义元数据实体、构造型和元数据关联,即"类"。

4.8 域
可以取值的范围。

5 元数据内容

本标准定义了完整的核心元数据元素集,元数据元素共有79个,其中有23个是必选项,56个是可选项(见附录A)。实际上对一个数据集而言,只使用基本的元数据元素去描述。

气象数据集核心元数据主要有以下几类:
—— 对元数据实体的描述:包括元数据的标识、语言、制作日期、标准名、版本和负责方等;
—— 对数据集内容的描述:包括摘要、分类、关键词、来源、更新频率、时空覆盖范围和参考系等;

——对数据集知识产权的相关描述:包括法律限制、使用限制和安全限制等;
——对数据集外形的描述:包括数据集标识、数据集语种、数据集字符集、数据格式、数据集完成日期和分发格式等。

表1列出描述气象数据集所需的核心元数据(必选项和推荐可选项)。"M"表示该元素是必选的,"O"表示该元素是可选的。

表 1 气象数据集核心元数据

元数据标识符(O)	数据集采用的字符集(O)
元数据采用的语种(M)	数据集维护和更新频率(M)
元数据采用的字符集(M)	关键词(M)
元数据创建日期(M)	空间分辨率(M)
元数据标准名称(O)	时间标识(M)
元数据标准版本(O)	地理覆盖范围(M)
元数据负责方(M)	垂向覆盖范围(O)
数据集名称(M)	时间覆盖范围(M)
数据集标识代码(M)	参照系(O)
摘要(M)	限制(M)
质量(M)	分发格式(O)
数据集专题分类(M)	在线资源(O)
数据集采用的语种(O)	数据集负责方(M)

附 录 A
（规范性附录）
气象数据集核心元数据字典

本附录用于完整地定义气象数据集核心元数据的整体抽象模型。其中通过对域的分析可以明确各元数据元素及实体之间的关系。

A.1 元数据实体信息

行号	名 称	英文名称	短 名	定 义	约束/条件	最大出现次数	数据类型	域
1	元数据实体信息	metadata	Metadata	定义有关数据资源的元数据的根实体			类	2～8行
2	元数据标识符	fileIdentifier	mdFileID	元数据文件的惟一标识	O	1	字符串	自由文本
3	元数据语种	language	mdLang	元数据采用的语种	M	1	字符串	参照（GB/T 4880.2）
4	元数据字符集	characterSet	mdChar	元数据采用的字符编码标准	M	1	类	代码表 B.1
5	元数据创建日期	dateStamp	mdDateSt	元数据创建的日期	M	1	字符串	YYYYMMDD
6	元数据标准名称	metadataStandardName	mdStanName	执行的元数据标准名称	O	1	字符串	自由文本
7	元数据标准版本	metadataStandardVersion	mdStanVer	执行的元数据标准版本	O	1	字符串	自由文本
8	元数据负责方	contact	MdContact	对元数据信息负责的单位或个人	M	1	类	见 A.2.1

A.2 数据集标识信息

行号	名 称	英文名称	短 名	定 义	约束/条件	最大出现次数	数据类型	域
9	标识	dataIdentification	Ident	描述数据集的基本信息	M	N	类	10～27 行
10	名称	title	title	数据集名称	M	1	字符串	自由文本
11	数据集代码	identifier	dsID	标识数据集的惟一代码	M	1	字符串	自由文本
12	摘要	abstract	idabs	数据集的简要说明	M	1	字符串	自由文本

续表

行号	名称	英文名称	短名	定义	约束/条件	最大出现次数	数据类型	域
13	质量	dataQuality	DataQual	提供对数据集质量的总体评价,包括处理过程,数据源等的说明	M	1	类	见A.2.2
14	类型	topicCategory	tpCat	数据集的主题类别	M	N	类	代码表B.2
15	数据集语种	language	dataLang	数据集采用的语种	O	1	字符串	参照(GB/T 4880.2)
16	数据集字符集	characterSet	dataChar	数据集使用的字符编码标准全名	O	1	类	代码表B.1
17	维护和更新频率	maintenanceAndupdateFrequency	mainFreq	在数据集初次完成后,对其进行修改和补充的频率	M	1	字符串	自由文本
18	关键词	descriptiveKeywords	DescKeys	描述数据集的关键字及其类型和参考文献等信息	M	N	类	见A.2.3
19	空间分辨率	spatialResolution	dataScal	用比例因子,地面距离或有效范围内的采样数表示的资源详细分布程度	M	1	字符串	自由文本
20	时间标识	referenceDate	ResRefDate	数据集时间标识	M	N	类	见A.2.4
21	地理覆盖范围	geographicExtent	GeoEle	数据集覆盖的地理区域	M	N	类	见A.2.5
22	垂向覆盖范围	verticalElement	VertEle	数据集的垂向域	O	N	类	见A.2.6
23	时间覆盖范围	temporalElement	TempEle	数据集内容跨越的时间间段	M	N	类	见A.2.7
24	限制	constraints	Consts	访问和使用数据集的限制	M	N	类	见A.2.8
25	分发	distribution	Distrib	数据分发者和获取数据的选项信息	O	N	类	见A.2.9
26	参考系	referenceSystem	refSystem	数据集使用的时间和空间参考系统	O	N	字符串	自由文本
27	数据集负责方	pointOfContact	IdPoC	与数据集有关的负责人和单位的标识和联系方法		N	类	见A.2.1

A.2.1 负责方信息

行号	名称	英文名称	短名	定义	约束/条件	最大出现次数	数据类型	域
28	负责人名	individualName	rpIndName	对数据资源负责的人名	O	1	字符串	自由文本

续表

行号	名称	英文名称	短名	定义	约束/条件	最大出现次数	数据类型	域
29	负责单位名	organisationName	rpOrgName	对数据资源负责的单位名称	M	1	字符串	自由文本
30	职务	positionName	rpPosName	数据资源负责人的职务	O	1	字符串	自由文本
31	职责	role	role	负责人的职责和角色	M	1	类	代码表 B.3
32	联系信息	contactInformation	RpCntInfo	与负责单位或负责人的联系方式	O	N	类	33~35 行
33	电话	voicephone	cntPhone	负责单位或负责人的联系电话	O	N	字符串	自由文本
34	传真	facsimile	faxPhone	负责单位或负责人的联系传真电话	O	N	字符串	自由文本
35	地址	address	Address	负责单位或负责人的地址	O	1	类	36~40 行
36	详细地址	deliveryPoint	delPoint	负责单位或负责人的详细地址	O	N	字符串	自由文本
37	城市	city	city	负责单位或负责人所在的城市	O	1	字符串	自由文本
38	行政区	administrativeArea	adminArea	负责单位或负责人所在的省、直辖市、自治区	O	1	字符串	自由文本
39	邮政编码	postalCode	postCode	负责单位或负责人的邮政编码	O	1	字符串	自由文本
40	国家	country	country	负责单位或负责人所在国家	O	1	字符串	自由文本
41	e-mail	electronicMailAddress	eMailAdd	负责单位或负责人的 e-mail 地址	O	1	字符串	自由文本
42	在线资源	onLineResource	cntOnlineRes	与负责人联系的在线信息	O	1	字符串	自由文本

A.2.2 数据质量信息

行号	名称	英文名称	短名	定义	约束/条件	最大出现次数	数据类型	域
43	描述	statement	statement	描述数据质量状况和已知的问题，包括说明数据质量的特定数据的定量参数、范围确定性质量问题	M	1	字符串	自由文本
44	处理过程	lineage	lineage	描述数据处理过程中发生的事件	O	1	字符串	自由文本

QX/T 39—2005

续表

行号	名 称	英文名称	短 名	定 义	约束/条件	最大出现次数	数据类型	域
45	数据源	source	source	生产范围确定的数据所用的数据源信息	O	1	字符串	自由文本

A.2.3 关键词信息

行号	名 称	英文名称	短 名	定 义	约束/条件	最大出现次数	数据类型	域
46	关键词	keywords	keywords	用于描述主题的通用词、形式化词或短语	M	N	字符串	自由文本
47	类型	type	keyType	用来将相似关键词分组的主题内容	O	N	类	代码表B.4
48	参考辞典	tresaurusName	tresName	用于列出关键词的出处	O	N	字符串	自由文本

A.2.4 时间标识信息

行号	名 称	英文名称	短 名	定 义	约束/条件	最大出现次数	数据类型	域
49	时间	date	reDate	数据集生产、出版、修订的时间	M	1	字符串	YYYYMMDD
50	类型	dateType	reDateType	时间类型：生产、出版或修订	M	1	字符串	自由文本

A.2.5 地理覆盖范围信息

行号	名 称	英文名称	短 名	定 义	约束/条件	最大出现次数	数据类型	域
51	描述	geographicDescription	geoDesc	有关地理范围的描述	M	1	字符串	自由文本
52	边界矩形	geographicBoundingBox	GeoBndBox	地理范围之矩形框描述	M	N	类	53~56行
53	最西经度	westBoundLongitude	westBL	数据集覆盖范围最西边坐标，用十进制（东半球为正）	M	1	字符串	自由文本
54	最东经度	eastBoundLongitude	eastBL	数据集覆盖范围最东边坐标，用十进制（东半球为正）	M	1	字符串	自由文本

续表

行号	名 称	英文名称	短 名	定 义	约束/条件	最大出现次数	数据类型	域
55	最南纬度	southBoundLatitude	southBL	数据集覆盖范围最南边坐标，用十进制（北半球为正）	M	1	字符串	自由文本
56	最北纬度	northBoundLatitude	northBL	数据集覆盖范围最北边坐标，用十进制（北半球为正）	M	1	字符串	自由文本

A.2.6 垂向覆盖范围信息

行号	名 称	英文名称	短 名	定 义	约束/条件	最大出现次数	数据类型	域
57	最大值	maximumValue	vertMaxVal	数据集包含的垂向范围最高值	O	1	字符串	自由文本
58	最小值	minimumValue	vertMinVal	数据集包含的垂向范围最低值	O	1	字符串	自由文本
59	度量单位	unitOfMeasure	vertUoM	用于垂向范围信息的度量单位，例如：m, ft, cm, hPa	O	1	字符串	自由文本
60	垂向基准名称代码	verticalDatumName	vertDatum	提供垂向最大值和最小值的原点信息。说明重力高与地球关系的参数集	O	1	字符串	参考 ISO 19111:2003

A.2.7 时间覆盖范围信息

行号	名 称	英文名称	短 名	定 义	约束/条件	最大出现次数	数据类型	域
61	起始时间	beginDateTime	begin	数据集原始数据生成或采集的起始时间	M	1	字符串	YYYYMMDD
62	终止时间	endDateTime	end	数据集原始数据生成或采集的终止时间	M	1	字符串	YYYYMMDD
63	观测频率	dataFrequency	obsFreq	数据集原始数据采集的观测频率	O	1	字符串	代码表 B.5

A.2.8 限制信息

行号	名 称	英文名称	短 名	定 义	约束/条件	最大出现次数	数据类型	域
64	使用限制	useLimitation	useLimit	影响数据集适用性的一般限制	O	N	字符串	自由文本
65	法律限制	legalConstraints	LegConsts	访问和使用数据集的限制，以及法律上的先决条件	O	N	类	66~67行
66	访问限制	accessConstraints	accessConsts	用于确保隐私或保护知识产权的访问限制，和获取数据时的特殊的约束或限制	O	N	字符串	自由文本
67	法律使用限制	useConstraints	useConsts	用于确保隐私或保护知识产权的使用限制，和获取数据时的任何特殊的约束、限制或声明	O	N	字符串	自由文本
68	安全限制	securityConstraints	SecConsts	未来国家安全或类似的安全考虑，对数据施加的处理限制	O	N	类	69~72行
69	用户注意事项	userNote	userNote	从安全或类似的安全考虑，使用者要遵守的条款	O	N	字符串	自由文本
70	安全限制分级	classification	class	对数据处理限制的名称	M	1	字符串	自由文本
71	分级系统	classificationSystem	classSys	所采用的分级规范和系统	O	1	字符串	自由文本
72	操作说明	handlingDescriptio	handDesc	分级系统的操作说明	O	1	字符串	自由文本

A.2.9 分发信息

行号	名 称	英文名称	短 名	定 义	约束/条件	最大出现次数	数据类型	域
73	分发格式	distributionFormat	Distrib	分发数据的格式说明	O	N	类	74~77行
74	格式名称	name	distFormat	数据传送格式名称	O	1	字符串	自由文本
75	版本	version	distForVer	格式版本（日期、版本号）	O	1	字符串	自由文本
76	文件解压缩技术	fileDecompressionTechnique	fileDecmTech	能够用来对经过压缩的数据进行读取或解压的算法或处理说明	O	1	字符串	自由文本

续表

行号	名 称	英文名称	短 名	定 义	约束/条件	最大出现次数	数据类型	域
77	格式说明	formatDistributiorn	formatDist	分发方提供的格式说明信息	O	1	字符串	自由文本
78	分发方	distributor	Distributor	分发方的有关信息	O	N	类	79~80行
79	分发方名称	distributorContact	distorCont	可以获取数据集的单位	O	1	字符串	自由文本
80	分发订购程序	distributorOrderProcess	distorOrdPrc	如何获取数据,以及相关说明和费用的信息	O	1	字符串	自由文本
81	传送	digitalTransferOption	DigTranOps	从分发方获取数据的技术方法和介质信息	O	N	类	82—88行
82	分发单元	unitsOfDistribution	unitsODist	可以使用数据的数据块、数据层、地理范围等	O	1	字符串	自由文本
83	传送量	transferSize	transSize	按确定的传送格式估算,一个分发单元的传送量	O	1	字符串	自由文本
84	在线	onLine	OnLineSrc	可以获取数据集、规范、共有的领域专用标准名称和扩展的元数据元素的在线资源	O	N	类	85~86行
85	链接	linkage	linkage	使用URL地址或类似地址模式进行在线访问的地址	O	N	字符串	自由文本
86	WMO资源	WMOResource	WMORes	可以获取用标准名称和扩展的领域专用数据元素的WMO在线资源信息	O	N	字符串	自由文本
87	离线	offLine	offLine	说明数据集离线存储方式	O	1	类	88行
88	介质	mediumName	medName	数据存储所采用的介质	O	1	类	代码表B.6

附录 B
（资料性附录）
代 码 表

B.1 字符集代码

序号	名称(中文)	名称(英文)	域代码	定 义
1	通用字符集2	Ucs2	001	基于ISO 10646的16位定长通用字符集
2	通用字符集4	Ucs4	002	基于ISO 10646的32位定长通用字符集
3	通用字符集转换格式7	Utf7	003	基于ISO 10646的7位变长通用字符集转换格式
4	通用字符集转换格式	Utf8	004	基于ISO 10646的8位变长通用字符集转换格式
5	通用字符集转换格式	Utf16	005	基于ISO 10646的16位变长通用字符集转换格式
6	繁体汉字	Big5	024	中国香港、台湾、澳门等地区使用的传统汉字代码集
7	简体汉字	Gb2312	025	简化汉字代码集

B.2 数据集分类代码

类别名称	代码	域代码	定 义
地面气象资料	A	SURF	包括业务化运行的人工和自动地面观测台站、地面边界层观测站、闪电定位系统等获得的资料及其综合分析加工产品,不含单独用卫星、数值模式、科考等方式获得的地面资料
高空气象资料	B	UPAR	包括业务化运行的高空观测台站、飞机、火箭、GPS、风廓线仪等手段获得的高空气象探测资料及其加工产品,不含单独用卫星、数值模式、科考等方式获得的高空资料
海洋气象资料	C	OCEN	包括海洋船舶、浮标获得的海洋观测及其统计资料,不含单独用卫星、数值模式、科考等方式获得的海洋资料
气象辐射资料	D	RADI	包括常规地面辐射台站、大气本底站、南极站等台站地面观测取得的辐射资料,不含卫星、科考等方式获得的辐射资料
农业气象资料	E	AGME	包括农业气象台站取得的资料,不含科考等方式获得的农业气象资料
数值分析预报产品	F	NAFP	指通过数值分析预报模式获得的各种分析和预报产品
大气成分及相关资料	G	ATCM	指大气本底观测站、酸雨观测站、大气臭氧观测站获取的有关反映大气环境状况的大气物理、大气化学、大气光学资料
历史气候代用资料	H	HPXY	指可反映历史气候条件的各种非器测资料
气象灾害资料	I	DISA	指记录各种天气气候灾害的气象实况及其影响的资料;围绕灾害主题(如台风、暴雨、沙尘暴、大雾)进行的观测或加工集成获得的各种资料集等。不含农业气象报告中的农作物灾害和灾情资料
气象雷达资料	J	RADA	通过各种气象雷达探测获得的资料和产品,不包括卫星或飞机搭载雷达观测的资料
气象卫星资料	K	SATE	通过各种卫星探测获得的气象资料和产品

续表

类别名称	代码	域代码	定 义
科学试验和考察资料	L	SCEX	在科学试验和考察中获得的各种资料和产品
气象服务产品	M	SEVP	直接应用于决策服务、公众服务的各类产品
其他资料	Z	OTHE	指无法归并到上述资料内的气象资料和产品，如某些天气气候分析产品（如大气环流指数、ENSO 指数等）；与气象相关的水文、冰雪、海洋、生物、社会经济、地理信息等资料

B.3 责任人职责代码

序号	名称（中文）	名称（英文）	域代码	定 义
1	数据资源提供者	Resourceprovider	001	提供该数据集的单位或个人
2	管理者	Custodian	002	承担数据经营和责任，并保障数据适当管理和维护的单位或个人
3	拥有者	Owner	003	拥有该数据资源的单位或个人
4	用户	User	004	使用该数据资源的单位或个人
5	分发者	Distributor	005	分发该数据资源的单位或个人
6	生产者	Originator	006	生产该数据资源的单位或个人
7	联系人	pointOfContact	007	为获取该数据资源或相关信息，可以联系的单位或个人
8	调查者	Stigator	008	负责收集信息和进行研究的主要负责单位或个人
9	处理者	Processor	009	用修改数据的方法处理该数据的单位或个人
10	出版者	publisher	010	出版该数据资源的单位或个人

B.4 关键词类型代码

序号	名称（中文）	名称（英文）	域代码	备 注
1	学科	Discipline	001	学科的概念和术语
2	地理范围	Place	002	所在位置
3	层次	Stratum	003	数据所在层次
4	时间	Temporal	004	时间跨度
5	主题	Theme	005	表现某个主题

B.5 观测频率代码

序号	名称（中文）	名称（英文）	域代码	备 注
1	连续	continual	001	间隔不超过 1 min
2	1分钟	1minute	002	
3	5分钟	5minute	003	
4	10分钟	10minute	004	
5	15分钟	15minute	005	
6	30分钟	30minute	006	
7	每小时	Hourly	007	

续表

序号	名称(中文)	名称(英文)	域代码	备注
8	3小时	3hourly	008	
9	6小时	6hourly	009	
10	8小时	8hourly	010	
11	12小时	12hourly	011	
12	每天	Daily	012	
13	每周	Weekly	013	
14	10天	10day	014	
15	每两周	Fortnightly	015	
16	每月	Monthly	016	
17	3个月	3monthly	017	
18	6个月	6monthly	018	
19	每年	Annual	019	
20	每10年	Decade	020	10年及10年以上

B.6 介质代码

序号	名称(中文)	名称(英文)	域代码	备注
1	CD-ROM	cdRom	001	
2	DVD	dvd	002	
3	DVD-ROM	dvdRom	003	
4	3寸软盘	3halfInchFloppy	004	
5	5寸软盘	5quarterInchFloppy	005	
6	7轨磁带	7trackTape	006	
7	9轨磁带	9trackTape	007	
8	3480磁带	3480Cartridge	008	
9	3490磁带	3490Cartridge	009	
10	3580磁带	3580Cartridge	010	
11	9940磁带	9940Cartridge	011	
12	9940A磁带	9940ACartridge	012	
13	9940B磁带	9940BCartridge	013	
14	4毫米磁带	4mmCartridgeTape	014	
15	8毫米磁带	8mmCartridgeTape	015	
16	其他类型磁带	OtherCartridgeTape	016	
17	1/4英寸磁带	1quarterInchCartridgeTape	017	
18	1/2英寸磁带	digitalLinearTape	018	
19	在线	onLine	019	
20	卫星	satellite	020	
21	电话线	telephoneLink	021	
22	拷贝	hardcopy	022	

ICS 07.060
A 47

中华人民共和国气象行业标准

QX/T 40—2005

气象信息电话答询系统技术规范

Technical norm of meteorological information telephone consultative system

2005-12-21 发布

2006-06-01 实施

中国气象局　发布

QX/T 40—2005

前言

本标准由中国气象局提出。

本标准由中国气象局政策法规司归口。

本标准主要起草单位:湖南省气象技术装备中心,北京伍豪数码科技有限公司参与起草。

本标准主要起草人:李艾卿、刘保丰、高炉东、赵米洛、沈青、丁岳强、廖华。

本标准为首次发布。

QX/T 40—2005

引 言

气象信息电话答询系统是采用电话语音方式自动回答气象信息的系统，采用电信部门分配的特服号码，向拨入的电话用户采用语音的方式播放最新的气象信息，或接入人工座席，由工作人员回答用户有关气象方面的提问。

由于目前国内同类系统的生产厂家、产品型号繁多，而在系统的信息采集、语音播放及拨打数据处理方面没有统一的标准，给资料共享、信息传输、系统维修等方面带来了诸多不便。为使气象信息电话答询系统的生产和使用有一个统一的规范，特制定本标准。

本标准主要参考了中国电信声讯产品标准及国内气象信息电话答询系统制造单位产品和气象行业有关技术资料编制而成。

气象信息电话答询系统技术规范

1 范围

本标准规定了气象部门气象信息电话答询系统的基本结构、基本参数、技术要求、试验方法、检验规则、标志、包装、运输、贮存,涵盖了气象信息的采集、加工、处理及平台的硬件设备、通信网络的组成和语音格式的压缩、播放规范。

本标准适用于气象信息电话答询系统(以下简称系统)的设计、制造和产品验收。

2 规范性引用文件

下列文件中的条款通过本标准的引用而成为本标准的条款。凡是注日期的引用文件,其随后所有的修改单(不包括勘误的内容)或修订版均不适用于本标准,然而,鼓励根据本标准达成协议的各方研究是否可使用这些文件的最新版本。凡是不注日期的引用文件,其最新版本适用于本标准。

GB/T 191 包装储运图示标志(GB/T 191—2000,eqv ISO 780:1997)

GB/T 2423.1 电工电子产品环境试验 第2部分:试验方法 试验A:低温(GB/T 2423.1—2001,idt IEC 60068-2-1:1999)

GB/T 2423.2 电工电子产品环境试验 第2部分:试验方法 试验B:高温(GB/T 2423.2—2001,idt IEC 60068-2-2:1974)

GB/T 2423.3 电工电子产品基本环境试验规程 试验Ca:恒定湿热试验方法(GB/T 2423.3—1993,eqv IEC 68-2-3:1984)

GB/T 2423.5 电工电子产品环境试验 第二部分:试验方法 试验Ea和导则:冲击(GB/T 2423.5—1995,idt IEC 68-2-27:1987)

GB/T 2423.10 电工电子产品环境试验 第二部分:试验方法 试验Fc和导则:振动(正弦)(GB/T 2423.10—1995,idt IEC 68-2-6:1982)

GB/T 3482—1983 电子设备雷击试验方法

GB/T 6587.6 电子测量仪器 运输试验

GB/T 6587.7—1986 电子测量仪器 基本安全试验

GB/T 6587.8 电子测量仪器 电源频率与电压试验

ITU-G.711 PCM语音压缩编码

3 术语和定义

下列术语和定义适用于本标准。

3.1
数字语音卡 digital voice card

全称数字中继语音卡,每卡包含一对或两对PCM数字中继接口和卡本身规定的语音通道数。

3.2
PCM中继 relay

从电信局的程控交换机通过同轴电缆引出的一对E1接口,也指与该接口相应的功能和资源。

3.3
中继通道 trunk channel

包含在PCM中继内的中继卡与程控交换机之间交换数据的通道,也指与该通道相应的功能和资源。

3.4

用户通道 user channel

用户卡上交换数据与语音处理的物理通道,也指与该通道相应的功能和资源。

3.5

语音通道 voice channel

中继卡内实现语音操作的资源。

4 组成和各部分功能

4.1 组成

一套数字语音卡、数据处理用微型计算机、不间断电源、软件等部分组成。

4.2 各部分功能

4.2.1 数字语音卡

作为系统主要硬件组成部分的数字语音卡,完成 E1 线路的接续,处理每路中继通道,其基本参数应符合下列要求:

a) 标准 ISA 或 PCI 扩充插槽。

b) 通道数:(单卡容量×板卡数)路语音通道,同时具有(单卡容量×板卡数)路双音多频信号(DTMF)、频率键控信号(FSK)收发功能,并可根据需要在不增加系统中断资源的情况通过增加板卡构建成倍增加的语音通道,卡间总接口符合 H.100[1) 规定。

c) 网络:单板支持 E1/2E1(PCM)或者成倍 E1 对数字中继接口,支持中国一号信令或七号信令。

d) 一块或以上数量的卡只占用系统一个中断 IRQ,占用一段 I/O 地址。

语音卡能完成 E1 线路的接续,处理中继通道;能自动应答来电呼叫,并检测用户按键码,同时播放对应的语音信息给来电者;能完成语音压缩和数字化录音与自动拨号功能。

e) 数字卡接口标准符合非平衡同轴电缆(BNC)75Ω 接口。

f) 大音量放音状态下接收话机发出 DTMF 信号的准确率在 99.9% 以上,DTMF 下收号灵敏,支持连续语音处理,语音打断,回声消除。

g) 作为功能的补充,一套数字语音卡可选配用户卡作为配套卡,以完成人工座席功能。

h) 系统语音压缩需符合 ITU-G.711 规定。

4.2.2 处理用微型计算机

符合数字语音卡对计算机系统的需要,并能在 Win98、Win2000、WinXP 等操作平台下运行系统软件,完成系统所有功能。

4.2.3 不间断电源

与交流电源共同组成系统所需的电源部分,内含蓄电池和逆变电路,蓄电池可反复充电,在市电有无的情况可自动转换工作方式,保证系统电源供给。

4.2.4 软件

系统软件完成气象信息到语音文件的转换(综合对声音进行录音、编辑、播放和加入特殊的声音效果等各种处理)、控制语音卡完成用户拨入接续和语音播放功能、对拨打信息的数据处理和存储、提供电信部门所需的计费格式的数据等。

系统软件按功能分为信息采集、处理、转换部分,公众拨打数据处理部分和公众拨入语音应答三部分。

系统应具有时钟校准功能,以保证系统时间与标准时间保持一致。

---

1) 计算机电话企业论坛(ECTF)提出的硬件总线标准。

4.3 产品成套性

产品具有成套性组成的特点。

5 技术要求

5.1 外观与结构

5.1.1 外观应整洁,无损伤和变形,系统所有设备无开裂等现象。

5.1.2 系统各组成部分应安装正确,牢固可靠,符合产品要求。

5.1.3 各电子线路板、接插件、电缆等应焊接可靠,不应有虚焊、漏焊等现象。

5.2 系统使用性能

5.2.1 系统信箱语音库文件来自气象信息文字转换或人工语音录入。

5.2.2 系统用户拨入响应时间在一号信令下小于5s,在七号信令下小于3s,掉线率小于1‰。

5.2.3 系统生成的用户拨打数据按当地电信部门要求提供,且误差小于1‰。

5.3 可靠性

除非另有规定,系统平均无故障工作时间不小于一年。

5.4 平均修复时间

除非另有规定,系统平均修复时间不多于48 h。

5.5 环境适应性

5.5.1 温度

a) 工作条件:(-10~35)℃
b) 储运条件:(-20~40)℃

5.5.2 湿热

a) 工作条件:相对湿度为(10~90)%(30℃)
b) 储运条件:相对湿度为(10~95)%(35℃)

5.5.3 冲击和振动

冲击,符合GB/T 2423.5的相关要求。

振动,符合GB/T 2423.10的相关要求。

5.5.4 电源

电压范围:(180~240)V;频率:50 Hz±2 Hz;不间断电源可保证系统在停电的情况下连续工作2 h,符合GB/T 6587.8的有关规定。

5.5.5 雷电冲击

设备应有防雷电装置,避免电力线路、中继线路上的感应雷击,符合GB/T 3482的有关规定。

5.6 信息和资料处理

5.6.1 所采用计算机与产品生产时的水平相匹配。系统软件按行业统一要求编制,能提供良好的汉字处理环境和友好的用户界面。

5.6.2 气象信息的收集处理、信息到语音文件的转换与录制符合行业规范和用户收听习惯。

5.6.3 对用户数据的处理和存储格式符合电信部门规定。

5.7 基本安全

应符合GB/T 6587.7—1986中Ⅰ类安全仪器的相关规定。

5.8 系统功耗

整个系统运行后,正常工作条件下的平均功耗小于500 W。

6 试验方法

6.1 外观和结构

目测检查,符合5.1.1要求。

6.2 系统使用性能
6.2.1 测试方法和要求
a) 在测试环境内完成10条以上气象信息文字到语音库文件的转换,完成10条以上语音文件的人工录入,试听生成语音的完整性和音质情况;
b) 通道使用量达到80%的情况下,每次响应时间在一号信令下小于5 s,在七号信令下小于3 s,语音质量清晰、完整;
c) 10次以上检测二次拨号(DTMF码),准确率达到99.9%;
d) 利用系统生成的拨打信息数据和人工记录的数据进行比较。

6.2.2 测试处理和评定
a) 气象信息转换完整,音质清晰、流畅,则为合格;
b) 通道使用量达到80%的情况下,用户拨入响应时间在一号信令下小于5 s,在七号信令下小于3 s,掉线率小于1%为合格,否则不合格;
c) 系统生成的用户拨打情况数据符合电信部门格式要求,且误差小于0.1%为合格。

6.3 环境适应性
6.3.1 温度
按照 GB/T 2423.1 和 GB/T 2423.2 的相关要求和方法进行。
6.3.2 湿热
按照 GB/T 2423.3 的相关要求和方法进行。
6.3.3 电源
按照 GB/T 6587.8 有关规定进行,应符合5.5.4要求。

6.4 信息和资料处理
检查所选用微机及其硬件配置和操作系统是否与制造年份的微机技术发展水平和气象部门所提供的服务产品相适应。

检查系统中气象信息的收集处理、信息到语音文件的转换录制是否符合行业标准和用户收听习惯。查看系统对用户数据的处理和存储格式是否符合电信部门规定,可方便地提供给电信部门处理。

6.5 基本安全
按照 GB/T 6587.6 的有关规定进行。

6.6 系统功耗
整个系统安装连接好后,进入正常工作状态,测量其1 h内的平均功率。

6.7 系统故障判定
6.7.1 轻微故障:不影响系统正常响应用户拨入并播放语音信息的故障。
6.7.2 一般故障:不能正常响应用户拨入并播放语音信息的故障。
6.7.3 严重故障:系统重要部件、组件或元器件损坏的故障。
6.7.4 致命故障:导致系统报废的故障。

7 检验规则

7.1 检验分类
检验分交收检验和例行检验二类。
7.2 检验条件:
7.2.1 常规检验在自然条件下进行,通常应符合以下条件:
温度:(15~35)℃;相对湿度:45%~75%;大气压力:(860~1 060)hPa。
通信线路:数字2M bit/s线路。
7.2.2 环境适应性试验应符合本标准的规定。

7.3 标准器和检验设备

所用的检验用标准器、测试仪器仪表和设备应满足本系统设备试验要求,并有检定或测试合格证书。

7.4 检验资格

交收检验由制造单位的检验部门主持进行,订货方派代表参加。例行检验应由上级检验部门或由上级单位委托制造单位的检验部门进行。

7.5 检验项目和顺序

检验项目见表1。除另行规定外,检验应按表1的顺序进行。

表 1 检验项目和顺序

序号	检验项目		要求条款	试验条款	交收检验	例行检验
1	外观和结构		5.1	6.1	●	●
2	系统使用性能		5.2	6.2	—	●
3	环境适应性	温度	5.5.1	6.3.1	—	●
		湿热	5.5.2	6.3.2	—	○
		电源	5.5.4	6.3.3	—	●
4	信息和资料处理		5.6	6.4	●	●
5	基本安全		5.7	6.5	—	○
6	系统功耗		5.8	6.6	—	●
7	标志与包装		8.1、8.2	8.1、8.2	●	●
注:●表示检验项目,○表示由合同确定或协商,—表示不检验项目。						

7.6 交收检验

交收检验是生产单位向用户交付时的检验。每套系统都应进行,检验项目如表1。

7.7 例行检验

7.7.1 例行检验是上级质量检验部门或制造单位为保证产品质量进行的定期抽样检验。检验应在交收检验合格的产品中随机抽取。检验项目如表1。

7.7.2 连续生产时,例行检验通常每年进行一次,间断生产时每批都应进行。受试产品通常为一套或二套,有一套不合格应加倍抽检。仍有不合格产品时,判定该批产品为不合格。

7.8 合格判定

7.8.1 交收检验和例行检验中,任何一项不符合本标准要求都应暂停检验,制造单位应对不合格项目进行分析,找到原因并采取纠正措施后,可继续对不合格项目及相关项目进行检验。若检验项目符合要求,仍应判为合格。若仍有某个项目不符合要求,则判为不合格。

7.8.2 对于不合格的单套系统允许进行修理和调整,然后再进行相应项目的检验,合格后可重新交付,仍不合格的拒收。判为整批不合格的应整批进行修理和调整,重新抽检,仍不合格时,则整批拒收。

8 标志、包装、运输与贮存

8.1 标志

8.1.1 每套设备应标明产品名称、型号、编号、制造单位名称等。

8.1.2 在外包装的明显位置上应标明:

    a) 制造单位名称、地址;

    b) 产品名称、型号;

    c) 收货单位名称、地址;

d) "小心轻放"、"切勿倒置"等符合 GB/T 191 规定。

8.2 包装

8.2.1 设备包装应牢固,应有防潮、防尘、防雨和防振措施。

8.2.2 每套设备应附有装箱清单一份。

8.2.3 每套设备交付用户时应包括表 2 的所有内容并在装箱单中注明。

表 2 装箱单

序号	名称	数量	单位	备注
1	数字中继语音卡	1	块	
2	用户卡	1	块	选配
3	微型计算机	1	台	有语音卡所需扩展槽
4	系统安装软件和安装说明	1	份	
5	硬件安装说明和维护资料	1	份	
6	装箱清单	1	份	
7	产品合格证	1	份	
8	使用说明书	1	份	
9	保修卡	1	份	

8.3 运输和贮存

8.3.1 包装好的系统应适于铁路、公路、水运、空运等任何方法运输。

8.3.2 产品应以原包装贮存在环境温度(−10～40)℃,相对湿度不大于80%的室内。贮存室内应洁净、通风,不得有腐蚀性挥发物。